U0295500

21世纪
高职高专园林工程技术系列教材

景观材料及应用

JINGGUAN CAILIAO
JI YINGYONG

杨　丽　乔国栋　王云才　编著

上海交通大学出版社
SHANGHAI JIAO TONG UNIVERSITY PRESS

内 容 提 要

本书立足景观材料特性和景观材料在设计施工中的应用两大环节,从硬质景观材料和软质景观材料的内涵、分类和应用开始分类分析,以理论够用、技术突出为原则,通过概念与实例的结合,由浅入深,循序渐进地介绍不同材料的特性、在设计以及施工中的应用特点。通过对不同景观材料的特点与应用技能的掌握,提高园林工程专业学生景观设计和施工的应用能力。

本书共分 8 章内容,包括石材、砖材、木材、钢材等硬质景观材料的特性及应用,以及植物和水体等软质景观材料的应用,还有一部分景观其他材料与景观设备材料的介绍,此外,本书还列举了一个材料的综合应用实例,通过对景观材料在方案设计、扩初及施工图设计不同设计阶段中的应用分析,使读者更好地理解不同景观材料的特性。

本书可供园林及相关专业学生使用,亦可供园林施工人员参考。

图书在版编目(CIP)数据

景观材料及应用/杨丽,乔国栋,王云才编著. 一上海:上海交通大学出版社,
2013(2021 重印)
ISBN 978-7-313-10475-5

Ⅰ.①景… Ⅱ.①杨… ②乔… ③王… Ⅲ.①景观—建筑材料—教材
Ⅳ.①TU986

中国版本图书馆 CIP 数据核字(2013)第 299391 号

景观材料及应用

编者:杨丽 乔国栋 王云才
出版发行:上海交通大学出版社   地 址:上海市番禺路 951 号
邮政编码:200030   电 话:021-64071208
印   制:当纳利(上海)信息技术有限公司   经 销:全国新华书店
开   本:787mm×1092mm   1/16   印 张:11.25
字   数:273 千字
版   次:2013 年 12 月第 1 版   印 次:2021 年 8 月第 4 次印刷
书   号:ISBN 978-7-313-10475-5
定   价:48.00 元

前　　言

在我国城乡快速发展的过程中,景观规划设计担负起"塑造美化我们生活的环境,保护我们赖以生存的地球"的重任,成为实践科学发展观,倡导生态文明,建设美好人居环境的营业性专业技术和职业之一。多年来,园林工程技术从环境艺术、园林规划设计、城市规划设计等专业理论与技术的基础上,经过教学实践,逐渐发展形成了景观的观察认知、景观的测量与分析、景观的把握、景观的设计、景观施工与景观养护为主要教学内容的课程框架。从高职教学的目前现状来看,我国景观设计和园林工程技术教育存在起步晚、发展不平衡、概念模糊、内容不系统、理论不健全、教材建设滞后等问题。其中缺乏适合高职高专的教材尤显突出。

我国是一个产业快速提升的发展中国家,职业教育已成为新时期我国教育的重点,工程硕士、专业硕士、高等职业技术教育成为职业教育的典型代表。就风景园林、园林、景观规划设计的行业发展来看,市场真正需要和接纳的是具备良好动手能力和实际操作能力的景观设计师和工程师。因此,结合高职高专教学特点,依照国家劳动部颁布的"注册景观设计师"制度标准,园林工程专业以培养助理景观设计师为目标。这既是就业市场上一块巨大的职业领地,也是我国现代化建设过程中必须的职业技术领地,具有广阔的发展前景。《景观材料及应用》这门课程正是依托园林工程技术专业建设的大背景发展起来的。

《景观材料及应用》课程是上海市土建类精品课程"景观设计"的核心课程之一,是上海济光职业技术学院园林工程技术专业的系列教材,作为园林工程技术专业的一门实践性大于理论性的课程,在课程建设中,从更新教学理念入手,在融合当代环境与园林工程技术的基础上,对教学内容进行更新与重构,以体现教学内容的系统性、新颖性与实用性,有利于指导学生对知识的掌握和技能的应用。

《景观材料及应用》教材是校企合作办学的产物,由上海济光职业技术学院、上海园林工程有限公司、泛亚景观设计(上海)有限公司、同济大学等相关单位的工程师、设计师、教师联合编写,以理论够用、技术突出为原则,以实际工程设计施工为切入点,讲授景观材料及其在设计施工中的具体应用。

《景观材料及应用》立足材料特征和景观设计施工应用两大环节,从硬质景观材料和软质景观材料的内涵、分类和应用开始,通过概念与实例的结合,由浅入深、循序渐进,通过对不同景观材料的特点与应用技能的掌握,提高园林工程专业景观设计和施工应用能力。

王云才

2012 年 11 月 10 日

目　录

第一章　绪　论

本章概述：一般把景观区分为硬质景观和软质景观，实质上是根据设计师在设计中所采用的景观材料所决定的，本章主要介绍景观设计与景观材料的关系，景观材料的分类，硬质景观材料包含的内容、类型以及它的应用范围和作用，软质景观材料包含的内容、类型以及它的应用范围和作用。

第一节　景观设计与材料应用

随着社会的发展，人类对精神生活的水平追求越来越高，对于生活品质、生态环境的要求也越来越高。作为与人们生活息息相关的景观，成为了现代社会人类生活的重要组成部分，与之相应，对景观设计师的设计水平要求也随之提高。这就意味着设计师在创新过程中需要对各景观要素的细节进行艺术设计，从而提高景观的价值，满足使用者对环境品质越来越高的要求。

在建筑类的学科体系中，景观学逐渐成为与城市规划、建筑学并行的独立学科，发挥着越来越重要的作用。景观设计需要综合考虑的因素很多，从设计理念、方案构思、空间布局到设计手法，无不体现着设计师的专业能力，而从设计方案到施工，从设计的图纸变为真实的场景，其中景观材料的运用起着至关重要的作用。景观设计理念的实现与景观材料有着紧密联系，不同的材料，其性质、特点、施工方式、造价都各不相同，同一种材料，由于面层处理方式的不同，在不同的景观环境中，都会产生不同的景观效果。作为景观设计师，不仅需要认识景观材料，熟悉材料特性，还需要对材料的施工处理有一定的了解。正确认识和合理应用材料是一个景观设计师的必备能力。

景观设计不仅是一门艺术，还是一门重要的技术。景观的营造需要满足一定的使用功能和生态功能，在设计范围内进行艺术布局和合理的空间划分，考虑色彩的搭配和艺术造型形式，最终形成一个既赏心悦目又能满足大众精神需求的环境场所，从这个角度上讲，景观是一个艺术产品。而从景观的构成元素上分析，地形、水体、铺地、山石、小品、植物等，这些元素所采用材料的色彩、风格、形式的搭配，以及后期施工处理，又是一门技术。这就决定了每一个景观设计从方案到施工，从空间想象到具体物质构成，都是艺术性与技术性的结合。

对于景观设计师而言，景观设计与景观材料是相互依存、密不可分的，景观设计需要依托景观材料变为现实，不同的材料需要在景观设计方案中得到整合，实现景观材料的价值。随着科技和工艺技术的不断发展，越来越多的景观新材料、景观环保材料和高科技材料被不断推出，为景观设计师的设计提供了更大的创作空间。景观材料与建筑材料相比，既有重合的内容，也有一些只有在景观设计中才能体现特色的部分，所以，只有结合具体的设计谈材料才具有实用价值。

第二节　景观材料的分类

依据特性,景观材料可分为两大类:一是软质的材料,除了有形的如植物和水体外,还包括用来感知的和风、细雨、阳光、天空等,通常把景观称为五维的空间艺术,除了三维空间及时间以外,还包括意境,意境的感知与软质景观材料有着极强的联系性;二是硬质的材料,如铺地、墙体、栏杆、景观构筑物等。软质材料构成了软质景观,通常是自然的,硬质材料构成了硬质景观,通常是人造的,当然,这种划分不是绝对的。

硬质景观(Hard Landscape)是英国人 M. 盖奇(Michael Gage)和 M. 凡登堡(Maritz Vandenberg)在其著作《城市硬质景观设计》中首次创造性提出的概念,书中将城市景观分成以植物、水体等为主的软质景观和以人工材料处理的道路铺装、小品设施等为主的硬质景观两部分。城市硬质景观是在城市中以游憩、使用、观赏为主要功能的场所,是以道路环境、活动场所、景观设施等为主的景观。广义上说,除了城市绿化、水体和建筑物以外的有形物,都可认为是硬质景观,其内容包括四大部分:步行环境,如地面铺装、台阶踏步、坡道、挡土墙、围栏、栏杆、景观墙及屏障等;景观设施,如照明系统、休息座椅、垃圾容器、雕塑小品、电话亭、信息标志、景观柱、种植容器、自行车停车场等;活动场所,如游乐场、休闲广场、运动场等;车辆环境,车辆通行场所。

虽然,这种划分是以城市环境来界定的,但是具有一定的代表性。由此,在整个环境范围内,关于景观的类型,就可区分为软质景观和硬质景观,而这种区分本质上是由材料的特性所决定的,设计师在设计中使用的景观材料决定了景观类型。

在设计中,硬质景观与软质景观要按互补的原则进行处理,硬质景观材料要与软质景观材料结合起来考虑。硬质景观突出点题入境、象征与装饰等表意作用;软质景观则以突出情趣、表现意境为主。在景观的构成要素中,硬质景观占有相当大的比重,包括地面铺装、照明灯具、建筑小品、休闲设施、标识等。硬质景观构成了户外空间场所,以实用功能和艺术效果给人们带来舒适的环境和美的享受。为了在施工过程中最大限度地体现图纸的设计思想,并满足其使用功能,对硬质景观方案内容进行深化设计是一个不容忽视的重要环节。软质景观则起到突出情趣、和谐、舒畅、自然等抒情作用。软质景观的主要材料是植物和水景,在景观意境的营造中,和风、细雨、阳光、天空等环境元素也可归纳到软质景观元素中去。植物在景观及建筑环境中,能够起到观赏、组景、分隔空间、庇荫、防止水土流失和美化地面的作用,具有良好的生态效益。植物的分类方式很多,可以根据科属,也可以根据应用类型分类,一般可将植物材料分为乔木类、灌木类、地被植物类、水生植物类和垂直绿化类等。常用的景观植物有千余种,若将形态各异、花色繁多的植物应用好,则需深入研究与不断实践总结。水体根据形态和应用的差异,可分为动态水景和静态水景,在具体的应用中,应结合基地现状进行设计。

只有将硬质景观材料和软质景观材料两者有机结合,才能使景观达到既满足使用功能需求又满足精神需求的目的。

第三节 硬质景观材料

一、硬质景观材料的内涵

硬质景观设计是现代景观设计中的重要部分,也是构成景观形象的决定性因素之一,用来作为硬质景观设计的材料都可称为硬质景观材料。作为现代、后现代设计中的重要元素,硬质景观材料在改变设计品位和景观环境质量的同时,还体现了现代科技对景观作品的驾驭能力。

石材、木材、砖和钢材由于使用的广泛性和多样性,被称为硬质景观材料的四大主材。材料不分贵贱、好坏和美丑,甚至材料本身不分粗细,关键在于用得恰到好处,能够与环境本身相协调,能提高环境的质量。除了四大主材,还有一些其他材料,如玻璃、塑胶、膜结构等,随着科技进步,还会出现越来越多的新材料和高科技材料。

硬质景观是景观设计的重要组成部分,也是景观设计师需要重点处理的内容,无论是从设计过程中的图面表达,还是施工过程中的工程量,无不体现着硬质景观的重要性。随着使用者对硬质景观的需求和要求的日益提高,硬质景观的设计和发展成为现代景观设计的关键环节,甚至成为设计作品成功与否的决定性因素。各种先进工艺和科技手段的广泛推广应用,让硬质景观材料对于硬质景观的创造与实现发挥越来越重要的作用,只有正确地认识硬质景观,合理地应用硬质景观材料,才能使硬质景观设计尽善尽美。

二、硬质景观材料的分类

硬质景观分类有很多种,如根据美学原则可分为点、线、面三种类型的硬质景观,根据设计要素又可分为步行环境、景观设施小品、活动场所和车辆环境四类,还可以根据硬质景观使用用途分为铺地、驳岸、贴面、小品等,如图1-1所示。这里主要从硬质景观的材料应用出

图1-1 曲线造型的驳岸与铺地

发,将其分为实用型景观材料、装饰型景观材料和综合功能型景观材料三大类,再在此基础上进行划分。

1. 实用型硬质景观材料

实用型硬质景观材料主要指承担实用功能的材料,包括铺地材料、构建性材料和结构性材料。铺地材料分为车行道路铺地材料和步行环境、活动空间铺地材料。车行道路铺地材料比较单一,一般以混凝土、沥青为主,步行环境、活动空间铺地材料包括人行道、游步路、停车场、游乐场、运动场、休闲广场等空间的铺地材料(见图1-2),采用的景观材料十分丰富,包括了大部分硬质景观主材,如石材、砖材和木材等。构建性材料主要指在景观环境中具有某种功能,可以通过外露的表面辨认的景观材

图1-2 铺地

料,如廊架、休息座椅、亭子、景观柱、电话亭、洗手池等,这一类硬质景观采用的材料包括了景观材料的绝大部分,随着科技的快速发展,景观材料的不断更新,这些景观元素的造型越来越新颖,色彩也越来越丰富。结构性材料往往不外露,隐含在结构层中,如钢筋混凝土中的钢筋、亭廊中的木构件等,而这部分的实用功能又是最重要的,是景观构筑物、小品得以存在的基础。总体而言,实用型硬质景观材料是为应用功能设计而服务的,突出体现了硬质景观功能强大、经久耐用等特点。

2. 装饰型硬质景观材料

装饰型硬质景观材料包括景观小品采用的景观材料和表面装饰材料。景观小品又分为雕塑小品和园艺小品两类。现代雕塑作品种类、材质、题材都十分广泛,已经逐渐成为景观设计中的重要组成部分,设计师创作时选用了如玻璃、不锈钢和陶艺等现代材料,更加突出了雕塑小品的时代性。园艺小品是景观设计中的假山置石、景墙、花架、花盆等。

表面装饰材料采用的景观材料类型也较多,这类景观是为装饰需要而设置的,采用的材料多是具有现代气息的防腐木、不锈钢等材料,还包括有天然的石材和人工的瓷砖、马赛克等,都具有美化环境、赏心悦目的特点,体现了硬质景观的美化功能。

3. 综合功能硬质景观材料

景观材料在实际的应用中,往往实用性与装饰性并不能分开,就像一些硬质景观同时具有实用性和装饰性的特点,如设施小品中的灯具、洗手池、坐凳、亭子等,既具有使用功能,也具有美化装饰作用;装饰小品中的假山、花架等,既是观赏美景的对象,也是人们休憩游玩的好去处。这类具有综合功能的硬质景观设计正是体现了形式与功能的协调统一,在现代景观设计中被广泛应用,所采用的材料也五花八门,以体现设计意图为目的。

三、硬质景观材料的应用

1. 铺地

铺地是景观设计的一个重点,尤其以广场设计表现突出。世界上许多著名的广场都因精美的铺装设计而给人留下深刻的印象,如威尼斯城的圣马可广场、米开朗基罗设计的罗马

市政广场和澳门的中心广场等。现阶段,不同的工程项目,从广场、公园到小游园的设计,铺地都是设计中的重要元素。材料的选择、色彩的搭配、面层处理方式的不同,让铺地设计越来越精致。在实际应用中,还可利用铺装的质地、色彩等来划分不同空间,产生不同的使用效应。典型的如交通空间与停留空间往往采用不同的材质,即使材质相同,色彩和面层做法上也各有差异,而在一些健身场所采用一些鹅卵石铺地,使其既具有按摩足底的功效,又形成独特的空间领域。

现阶段,铺地设计中的材料大多以硬质四大主材为主,即石材、木材、砖和少量装饰用钢材。铺地根据材料图案的不同可分为规则铺地和乱型铺地,规则铺地通常采用标板,有规则地铺砌,乱型又可分为规则乱型、毛边乱型和镶嵌乱型等。

2. 墙体

传统设计中,墙体多采用砖墙、石墙,营造古朴、自然的环境氛围,但却与采用新材料的现代景观环境不协调。在现代景观中的墙体设计,不但墙体材料已有很大改观,其种类也变化多端,如用于机场的隔音墙、用于护坡挡土墙和用于分隔空间的浮雕墙等,在形式和功能上都有了极大的进步。现代玻璃墙的出现是设计领域的一大创作,玻璃的透明度比较高,对景观的创造起很大的促进作用。随着时代的发展,墙体的功能性逐步得到了解放,已不再是一种简单的防卫象征,而更多的是一种艺术感受,如图 1-3 所示。

图 1-3　墙体

3. 景观小品

景观小品的种类很多,如休息座椅、指示牌、雕塑、健身器材、垃圾筒、花坛、灯具等。这些小品设施构成了一个设施体系,不仅在功能上满足使用者的需求,而且在材料、形式上满足使用者的审美需求。小品设施在造型上的不断创新也使景观材料的应用类型从单一走向多样化,如钢材与木材的搭配,玻璃与石材的结合等,都极大地提升了景观价值。

4. 景观构筑物

景观构筑物包括廊架、亭、雨水井、检查井、灯柱等必要设施。过去,设计师注重于大的景观功能与景观效果的创造,而疏忽了对一些景观细节的艺术考虑。现在,随着设计师思想意识和科技工艺的不断积累和提高,人们逐渐重视景观细部的刻画,注重不同景观材料的搭配与结合,从而取得了很好的视觉效果。砂岩作为一种景观材料,在景观构筑物中能够很好地说明材料的运用效果。砂岩由于其独特的材料特性,是适合雕刻的一种石材,以往景观设计中的景观墙伴随着砂岩的推广应用,许多精致、优美的图案被恰当地运用到景观设计中,与周边环境进行有机结合,形成了别具一格的景观。在景观构筑物的材料选择上,除了石材、木材,铸铁、陶瓷也被广泛应用。

第四节　软质景观材料

一、软质景观材料的内涵

1. 植物景观

植物景观造景,是景观设计中不可或缺的设计手法,在自然式景观设计中采用自由式的布置方式,在规则式景观设计中,采用对植、排植、树阵等设计手法,都体现了植物材料作为景观造景主要材料的重要性,如图1-4所示。

传统意义上把植物造景定义为"利用乔木、灌木、藤木、草本植物来创造景观,并发挥植物的形体、线条、色彩等自然美,配置成一幅美丽动人的画面,供人们观赏。"其主要特点是强调植物景观

图1-4　植物造景

的视觉效果,现代的景观设计中,植物造景达到四季常绿、三季有花已经成为共识。随着景观生态学、全球生态学的引入,现代植物景观造景更是突出强调其生态效益以及对环境的改善、调节作用,同时还包含着生态上的景观、文化上的景观甚至更深更广的含义。

植物造景区别于其他要素的根本特征是它的生命特征,这也是它的魅力所在。在植物景观造景的设计中,需要充分考虑植物的生长特性,对能否达到预期的景观效果、季节变化的影响、生长速度等需要深入细致考虑,同时还需要结合植物栽植地的小气候、环境干扰等方面因素的综合考虑。在成活率达标的基础上,利用植物造景艺术原理,形成乔木、灌木和地被植物的立体化种植效果,实现疏林与密林的完美结合、天际线与林缘线优美、植物群落搭配美观的植物景观。

2. 水体

水景是中国古典园林的主景之一,中国古典园林水景在高度提炼和概括自然水体的基础之上,表现出极高的艺术技巧。水体的聚散、开合、收放、曲直极有章法,正所谓"收之成溪涧,放之为湖海"。水体有动水和静水之分。动水包括喷泉、瀑布、溪涧等,静水包括潭、湖等。喷泉在现代景观的应用中越来越多,应用的类型、方式随着工艺的不断改进而得到了不断提高。喷泉可利用光、声、形、色等产生视觉、听

图 1-5　植物、水景软质景观造景

觉、触觉等艺术感受,使生活在城市中的人们感受到大自然的水的气息,如图 1-5 所示。现代雾森技术的应用,为水体景观又增添了不少魅力。景观中的水体设计必须考虑驳岸的处理方式、水体的循环处理以及后期维护等多方面问题。

3. 其他

除了人工的景观材料外,景观作为五维的空间艺术,其元素还包括自然界提供的和风、细雨、阳光、天空等,它们是大自然赐予人类的宝物,人类在改造自然中充分利用这些要素,产生了许多大地景观艺术。

二、软质景观材料的范围与应用

软质景观材料对景观设计的作用是非常明显的,它不仅从审美上提升了景观环境,而且软质景观的生态功能也是不容忽视的。恰当的景观植物配置设计,常使生硬的景观环境变得柔和,在色彩上更是丰富了景观环境。随着科技的发展,一些水体处理技术,如音乐喷泉、水幕电影更是成为景观设计中的重要节点。景观设计师应该合理地选择和搭配硬质景观材料和软质景观材料。

学习小结

本章主要了解景观材料的分类,硬质景观包括哪些类型及分类,软质景观包含哪些内容,又有哪些特点。明确学习景观材料,不仅仅是了解它的特点,更重要的是熟悉材料的应用。

思考题

(1) 什么是景观材料的四大主材?

(2) 一般景观材料可分为哪两类?各包括哪些?

(3) 谈谈你对景观材料的认识,以及在设计中应用的特点?

第二章　石材应用及景观设计

本章概述：主要介绍石材的种类及特性，石材在设计中的应用以及常见的石材施工做法。石材是景观材料四大主材之一，种类丰富，类型多样，在景观设计中应用极其广泛，常用的石材包括花岗岩、板岩、砂岩、砂卵石、砂砾石和人造石材等。石材根据应用场所环境的差异，有多种不同的面层做法，常见的有自然面、光面、喷砂面、拉格拉丝面、荔枝面、火烧面、机刨面和水洗面等。

第一节　石材的类别及特性

石材是最古老的建筑材料之一，从古埃及的金字塔到现代广场景观，都采用了石材，随着新技术在石材加工中的运用，人们对环境和生活品质的追求越来越高，石材的应用范围也越来越广。

一、石材的分类

石材在设计应用中，分类方式和名称很多，一般情况下，主要根据石材起源成因、可加工性能、耐用性和装饰等级进行分类。

1. 按石材起源成因分类

根据石材的起源成因分类，现今常用的石材种类分为四大类：沉积岩、变质岩、火成岩和人造石材。

（1）沉积岩。沉积岩是成层堆积的松散沉积物固结而成的岩石，由风化的碎屑物和溶解的物质经过搬运作用、沉积作用和成岩作用而形成的。在地表不太深的地方，将其他岩石的风化产物和一些火山喷发物，经过水流或冰川的搬运、沉积、成岩作用就形成了沉积岩。景观中常用的砂岩属于沉积岩。

（2）变质岩。变质岩是在高温高压和矿物质的混合作用下由一种石头自然变质成的另一种石头。在室内设计中运用较多的大理石就是变质岩，它是石灰岩与白云岩在高温、高压作用下，矿物重新结晶、变质而成，具有致密的隐晶结构，在景观设计中常用的板岩也属于变质岩。

（3）火成岩。火成岩一般指由地下深处炽热的岩浆（熔融或部分熔融物质）在地下或在地表冷凝形成的岩石，地表下的液体岩浆冷却、凝固，矿物质气体和液体渗入岩石而形成新的结晶和各种颜色。火成岩最具代表的就是花岗岩，在景观设计中常用在铺地设计中。

（4）人造石材。人造石材的出现是基于天然石材应用中的缺陷，天然大理石、花岗岩在开采加工中会产生70%以上的废石料，浪费资源而且污染环境，因此，人造石材就应运而生。从研究、开发和创新，经历了几十年，人造石材制造技术到现在已经基本成熟。现在市面常见的人造石是以不饱和聚酯树脂为黏结剂，配以天然大理石或方解石、白云石、硅砂、玻璃粉等无机物粉料，以及适量的阻燃剂、颜料等，经配料混合、浇铸、振动压缩、挤压等方法成型固化而成。人造石材是根据实际使用中的问题而研究出来的，它在防潮、防酸、防碱、耐高温、拼凑性方面都有很大的进步。常见的水磨石就是将大理石和花岗岩碎片嵌入水泥混合物中经水磨加工而成的。

2. 按石材可加工性能分类

按可加工性能分类(即工艺分类)是以构成天然装饰石材的矿物硬度为依据,也就是按照被加工石材的硬度进行分类。按照硬度,天然装饰石材可分为三类:硬质石材、中硬石材及软质石材。不同硬度的石材应当采用不同的加工手段进行加工才能获得最大的经济效益。

硬质石材是指原料岩石的硬度为莫氏硬度6~7°。硬质装饰石材主要为火成岩类的花岗岩(莫氏硬度7°)、正长岩及辉长岩(莫氏硬度6~6.5°)等。硬质石材的整体性很强,硬度很高,通常只能用金刚石工具进行加工,也可用劈剖工具进行加工。

中硬石材的硬度为莫氏硬度3~5°,如天然装饰石材中的大理石、石灰石、白云石以及某些品种的火山灰凝灰岩制品等都属于中硬石材。这类石材相对比较好加工,可采用碳化硅和刚玉类工具来加工,也可采用金刚石工具加工。

软质石材的硬度为莫氏硬度2~3°。软质石材的品种不是很多,其中包括石膏岩、滑石岩,也包括某些品种的白云岩和石灰质介壳。这类石材的硬度低,具有良好的可加工性,属于经济的装饰石材品种。软质石材结构疏松、质地软,因而耐久性较差。

3. 按石材耐用性分类

天然装饰石材的耐用性为石材长期保持其初始强度和装饰质量的年限,按其使用年限分为非常耐用的、耐用的、比较耐用的、不耐用的四类。非常耐用的,如石英岩和细粒径的花岗岩,其破坏初征出现在650年前后。耐用的,如粗粒径花岗岩、正长岩、闪长岩、拉长岩、辉长岩等,其破坏初征出现在220~350年间。比较耐用的,如白大理石、致密石灰岩和白云岩等,其破坏初征年限为75~150年。不耐用的,如彩色大理石、石膏岩、多孔石灰岩、滑石岩等,其破坏初征年限为20~75年。

4. 按石材装饰等级分类

按天然装饰石材规格尺寸允许偏差、平面允许的极限公差、角度允许极限公差、外观质量以及镜面光泽度等指标,天然装饰石材分为优等品(A)、一等品(B)、合格品(C)3个产品等级,其装饰性能可按《天然大理石建筑板材》《天然花岗岩建筑板材》行业标准评定。

二、石材的特性

石材的特性和种类较多,下面主要介绍在景观设计中常用的石材类型及其特性。

1. 花岗岩

(1) 花岗岩的物理属性。花岗岩是一种岩浆在地表以下冷却、凝固而形成的火成岩,具有可见的晶体结构和纹理。花岗岩质地坚硬,难以被酸碱或风化作用侵蚀,它由长石(通常是钾长石和奥长石)和石英组成,掺杂少量的云母(黑云母或白云母)和微量矿物质,譬如锆石、磷灰石、磁铁矿、钛铁矿和榍石等。花岗岩主要成分是二氧化硅,其含量约为65%~85%。花岗岩的化学性质呈弱酸性。通常情况下,花岗岩略带白色或灰色,由于混有深色的水晶,外观带有斑点,钾长石的加入使其呈红色或肉色,如图2-1所示。花岗岩由岩浆慢慢冷却结晶形成,深埋于地表以下,当冷却速度异常缓慢时,它就形成一种纹理非常粗糙的花岗岩。人们称之为结晶花岗岩。花岗岩以及其他的结晶岩构成了大陆板块的基础,它也是暴露在地球表面最为常见的侵入岩。

花岗岩呈细粒、中粒、粗粒的粒状结构,或似斑状结构,其颗粒均匀细密,间隙小,孔隙度一般为 0.3%～0.7%之间,吸水率不高,吸水率一般为 0.15%～0.46%,有良好的抗冻性能。花岗岩的硬度高,其比重在 2.63～2.75 之间,其莫氏硬度在 6°左右,其密度在 2.63～2.75 cm³/g,其压缩强度在 100～300 MPa,其中细粒花岗岩可高达 300 MPa 以上,抗弯曲强度一般在 10～30 MPa。在应用中,花岗岩体积密度不小于 2.50 cm³/g,吸水率不大于 1.0%,干燥压缩强度不小于 60.0 MPa,弯曲强度不小于 8.0 MPa。因为花岗岩的强度比砂岩、石灰石和大理石大,因此比较难于开采。

图 2-1　花岗岩荣成靖海红

花岗岩由于成分形成复杂,形成条件多样,所以种类繁多,有多种的分类方式。按所含矿物种类分,可分为黑色花岗岩、白云母花岗岩、角闪花岗岩、二云母花岗岩等;按结构构造分,可分为细粒花岗岩、中粒花岗岩、粗粒花岗岩、斑状花岗岩、似斑状花岗岩、晶洞花岗岩及片麻状花岗岩等,其中,细粒花岗岩中长石晶体的平均直径为 0.16～0.32 cm,中粒花岗岩中长石晶体的平均直径约为 0.64 cm,粗粒花岗岩中长石晶体的平均直径约为 1.27 cm 和直径更大的晶体,有的甚至达到几个厘米,粗粒花岗岩的密度相对较低。按所含副矿物分,可分为含锡石花岗岩、含铌铁矿花岗岩、含铍花岗岩、锂云母花岗岩、电气石花岗岩等。

评价花岗岩质量一般有 4 个指标:装饰性能,也就是色泽和花纹;成材性能,包括成材率和成荒率;加工性能,包括可锯性、磨光性和抛光性;使用性能及物理性能指标,包括重量、抗压强度、抗折强度、耐酸性、耐碱性、放射性、硬度和吸水率等。

(2) 花岗岩的使用特性。石材的使用性能是确定石材矿床是否具有应用价值和衡量石材珍贵程度的主要标准。装饰性能好的石材给人以和谐、典雅、庄重、高贵、豪华等美的享受。石材使用性能的优劣主要由石材的颜色、光泽、表面花纹和是否具有可拼性图案来决定的,优良石材不应有影响美观的氧化杂质、色斑、色线、锈斑、空洞与坑窝存在,从而影响石材的装饰价值。

花岗岩具有如下独特性能:良好的装饰性能,可适用于公共场所及景观中的地面铺装及贴面装饰等;优良的加工性能,应用中可锯、切、磨光、钻孔、雕刻等,其加工精度可达 0.5 μm 以下,光度达 1 600 以上;耐磨性能好,比铸铁高 5～10 倍;热膨胀系数小,不易变形,与钢相仿,温度对其不会造成很大影响;弹性模量大,高于铸铁;刚性好,内阻尼系数大,比钢铁大 15 倍;良好的防震、减震功能;脆性,受损后只是局部脱落,不影响整体的平直性;化学性质稳定,不易风化,能耐酸、碱及腐蚀气体的侵蚀,其化学性与二氧化硅的含量成正比,使用寿命可达 200 年左右;不导电、不导磁的特性。

（3）花岗岩的景观特性。花岗岩在景观中应用极其广泛,包括铺地、墙体贴面、路沿石、盲道石、墓碑石、石桌小品、景观柱、拼花、石雕和工艺品制作等。花岗岩常常以岩基、岩株、岩块等形式产出,并受区域大地构造控制,一般规模都比较大,分布也比较广泛,所以开采方便,易出大料,并且其节理发育有规律,有利于开采形状规则的石料。花岗岩成材率高,能进行各种加工,板材可拼性良好。花岗岩不易风化,这也是其能在户外广泛使用的原因。花岗岩的质地纹路均匀,颜色虽然以淡色系为主,但也有红色、白色、黄色、绿色、黑色、紫色、棕色、米色和蓝色等,而且其色彩相对变化不大,适合大面积使用。

据不完全统计,花岗岩约有 300 多种。其中花色比较好的列举如下:红色系列,有四川的四川红、中国红,广西的岑溪红,山东的齐鲁红、石榴红,福建的漳浦红、罗源樱花红等;黑色系列,有内蒙古的白塔沟丰镇黑,山东的济南青,河北的易县黑等;绿色系列,有河北的平山绿,四川的天全邮政绿;白底黑点,有福建的晋江陈山白、泉州白,山东的平度白;花底黑点,有福建的罗源紫罗兰,山东的五莲豹皮花;花形纹理,有福建的华安九龙壁,四川的宝兴黑冰花等。

图 2-2　花岗岩铺地

花岗岩在景观中的应用,按形状可分为普型板材(N)和异型板材(S)。普型板材一般指正方形或长方形的规则板材,异型板材为不规则的板材,景观中常见的乱型铺地一般都采用异型板材,如图 2-2 所示。按表面加工程度分为细面板材(RB)、镜面板材(PL)和粗面板材(RU)。细面板材是指表面平整、光滑的板材,镜面板材是表面平整、具有镜面光泽的板材,粗面板材是表面平整、粗糙,具有较规则加工条纹的机刨板、剁斧板、锤击板、烧毛板等。现在花岗岩市场价格每平方米大概在 100～500 元。

板材命名依据的顺序分别为:荒料产地地名,花纹色调特征名称,花岗岩(G)。板材标记顺序分别为命名,分类,形状,表面加工程度,规格尺寸,等级,标准号。用山东济南墨色花岗岩荒料生产的 400 mm×400 mm×20 mm、普型、镜面、优等品板材示例如下,命名是济南青花岗岩。标记为济南青(G)-N-PL-400×400×20-A-JC205。

（4）花岗岩的技术要求。花岗岩加工中,根据《天然花岗岩建筑板材》(GB/T18601—2009)规定,规格尺寸允许偏差,其中普型板材规格尺寸允许偏差应符合表 2-1 规定,异型板材规格尺寸允许偏差由供、需双方商定。板材厚度小于或等于 15 mm,同一块板材上的厚度允许极差为 1.5 mm,板材厚度大于 15 mm,同一块板材上厚度允许极差为 3.0 mm。平面度允许极限公差应符合表 2-2 规定。普型板材的角度允许极限公差应符合表 2-3 规定。拼缝板材正面与侧面的夹角不得大于 90°。异形板材角度允许极限公差由应符合双方商定,同一批板材的色调花纹应基本调和,板材正面的外观缺陷应符合表 2-4 规定。

表2-1 普型板规格尺寸允许偏差(mm)

项目	技术指标					
	细面和镜面板材			粗面板材		
	优等品	一等品	合格品	优等品	一等品	合格品
长度、宽度	0~1.00		0~1.5	0~1.0		0~1.5
厚度 ≤12	±0.5	±1.0	+1.0 −1.5	—		
厚度 >12	±1.0	±1.5	±2.0	+1.0 −2.0	±2.0	+2.0 −3.0

表2-2 普型板平面度允许公差尺寸(mm)

板材长度(L)	技术指标					
	细面和镜面板材			粗面板材		
	优等品	一等品	合格品	优等品	一等品	合格品
L≤400	0.20	0.35	0.50	0.60	0.80	1.00
400<L≤800	0.50	0.65	0.80	1.20	1.50	1.20
L>800	0.70	0.85	1.00	1.50	1.80	2.00

表2-3 普型板角度允许极限公差(mm)

板材长度(L)	技术指标		
	优等品	一等品	合格品
L≤400 mm	0.30	0.50	0.80
L>400 mm	0.40	0.60	1.00

表2-4 板材正面的外观缺陷,毛光板外观缺陷不包括缺棱和缺角

缺陷名称	规格内容	优等品	一等品	合格品
缺棱	长度不大于10 mm,宽度不大于1.2 mm(长度小于5 mm,宽度小于1.0 mm不计),周边每米长允许个数(个)		1	2
缺角	沿板材边长,长度不大于3 mm,宽度不大于3 mm(长度不大于2 mm,宽度不大于2 mm不计),每块板允许个数(个)			
裂纹	长度不超过两端顺延至板边总长度的1/10(长度小于20 mm的不计),每块板允许条数(条)	0		
色斑	面积不大于15 mm×30 mm(面积小于10 mm×10 mm不计),每块板允许个数(个)		2	3
色线	长度不超过两端顺延至板边总长度的1/10(长度小于40 mm不计),每块板允许条数(条)			

注:干挂板材不允许有裂纹存在

2. 大理石

大理石由产在云南大理的岩石而著名,所以称为大理石,大理石实质上只是商品名称,

而并非岩石学名称,泛指大理岩、石灰岩、白云岩以及碳酸盐岩经不同蚀变形成的夕卡岩和大理岩,是石灰岩或泥质灰岩经过区域性低温热液蚀变变质而形成新的岩石。通常所指的大理石的主要成分都是碳酸钙,其含量约为 $50\% \sim 75\%$,呈弱碱性。有的大理石含有一定量的二氧化硅,有的不含有二氧化硅。大理石碳酸钙颗粒细腻,表面条纹分布一般较不规则,硬度较低。

大理石的成分极其结构特点使其具有如下性能:优良的装饰性能,大理石大多不含辐射并且色泽艳丽、图案丰富,被广泛用于室内墙、地面的装饰;具有优良的加工性能如锯、切、磨光、钻孔、雕刻等;大理石的耐磨性能良好,不易老化,其使用寿命一般在 $50 \sim 80$ 年;在工业上,大理石被广泛应用,如用于原料、净化剂、冶金溶剂等。

从商业角度来说,所有天然形成、能够进行抛光的石灰质岩石都称为大理石,某些白云石和蛇纹岩也是如此。在建筑材料的应用中,根据大理石的天然特性,把大理石分为A、B、C和D四类。这种分类方法特别适用于相对比较脆的C类和D类大理石,它们在安装前或安装过程中需要特殊处理。具体分类:A类,优质的大理石,具有相同的、极好的加工品质,不含杂质和气孔;B类,特征接近A类大理石,但加工品质比A类略差,有天然瑕疵,需要进行小量分离、胶黏和填充;C类,加工品质存在一些差异,瑕疵、气孔、纹理断裂较为常见,修补这些差异的难度中等,通过分离、胶黏、填充或者加固中的一种或者多种即可实现;D类,特征与C类大理石的相似,但是它含有的天然瑕疵更多,加工品质的差异最大,需要同一种方法进行多次表面处理。

天然大理石可制成高级装饰工程的饰面板,用于宾馆、展览馆、影剧院、商场、图书馆、机场、车站等公共建筑工程内的室内墙面、台面、栏杆、地面、窗台板、服务台、电梯间内部的饰面等,是理想的室内高级装饰材料。此外还可以用于制作大理石壁画、工艺品和生活用品等。

由于大理石一般都含有杂质,而且碳酸钙在大气中受二氧化碳、碳化物、水气的作用,也容易被风化和溶蚀而使表面很快失去光泽,所以除少数大理石如汉白玉、艾叶青等质纯、杂质少、特性比较稳定耐久的品种可用于室外(见图2-3),其他品种一般不宜用于室外,只用于室内装饰面。相比较而言,花岗岩的品质决定于矿物成分和结构,品质优良的花岗岩,结晶颗粒细而均匀,云母含量少而石英较多,并且不含有黄铁矿,还具有不易风化变质的特性,外观

图 2-3　碎拼大理石地面

色泽可保持百年以上,在建筑设计中多用于墙基础和外墙饰面。在景观设计中,根据花岗岩硬度较高、耐磨的特性,花岗岩常被应用于景观铺地。

在景观材料的应用中,有时需要区分天然大理石和天然花岗岩。从外观上区别大理石和花岗岩,可以根据石材的纹理进行区分,花岗岩由于是结晶体,花纹是点状结晶态,花岗岩石材是没有彩色条纹的,多数只有彩色斑点,还有的是纯色,其中矿物颗粒越细越好,说明结构紧密结实。大理石由于是变质岩,一般为线状纹理,其矿物成分简单,易加工,多数质地细腻,镜面效果较好,缺点是质地较花岗岩软,被硬重物体撞击时易受损伤,浅色石材易被污

染。铺地大理石尽量选单色,用做台面时选择有条纹的效果较好。

3. 板岩

板岩是一种变质岩,是由页岩或沉积岩受挤压变质而成的,形成板岩的页岩先沉积在泥土床上,后来,地球的运动使这些页岩床层层叠起,激烈的变质作用使页岩床折叠、收缩,最后变成板岩。板岩成分主要为二氧化硅,其特征可耐酸。人们所熟悉的"板岩"的内涵很广,更多的时候被叫做"板石"、"石板",这些都是商品的名称,如图 2-4 所示。在景观设计中,把只要能加工成片状或薄板的含有自然特征的石材均称之为"石板"。大部分板岩耐久性都很强,耐酸碱。

图 2-4　板岩(一)

板岩的结构表现为片状或块状,颗粒细微,通常以矿物颗粒或以隐晶质为主,重结晶作用不发育,较为密实,且大多数是定向排列,岩石劈理十分清晰,厚度均一,硬度适中,吸水率较小,其寿命一般在 100 年左右。

根据成分可将板岩分为三大类型:① 碳酸盐型板岩,其成分二氧化硅含量小于 40%、三氧化二铝含量小于 10%,氧化钙含量小于 15%,氧化镁含量小于 10%,三氧化二铁含量为 3%~7%;② 黏土型板岩,其成分主要是绢云母、伊利石、绿泥石、高岭土等黏土矿物,它们占板岩矿物成分的 80% 以上,其二氧化硅含量大于 50%,三氧化二铝含量大于 12%,氧化钙含量小于 10%,氧化镁含量小于 5%,其三氧化二铁含量高于碳酸盐型板石;③ 炭质、硅质板岩,其矿物成分介于黏土型板石和碳酸盐型板石之间,由于硅化程度较强,二氧化硅含量高,石质相当坚硬,颜色较深。

天然板岩按用途分为地板、瓦板、墙板、台面板;按颜色分为绿色、灰色、黑色、红色、紫色、褐色、黄色、铁锈色等;按岩性分为泥质板、硅质板、碳质板、石英质板;按加工的成品分为机切板、乱型板;按耐腐蚀性分为抗酸板和不抗酸板。其中,耐酸性是衡量一种石板是否适合做屋顶瓦板的一个最重要的标准。

板岩材质比较粗犷,更能够体现石材的特点,一般在空间较大的区域内使用,可以用作景观铺地和部分墙面的装饰(见图 2-5),在小区域只能作为点缀使用,否则会显得压抑。板岩本身具有不规则形状和不平整的外形特点,在使用时,还要考虑石材本身的颜色搭配,现在深灰色板岩使用居多。

图 2-5　板岩(二)

板岩独特的表面提供了丰富多样的设计和色彩,而所有这些特性都是自然天成的。在铺地或贴面的应用中,不同的色彩与设计不会导致不协调的图案,只会增加板岩图案的美感。板岩具有持久耐用的特点,它非常耐磨,适合于高人流区安装。如果养护不充分,板岩砖很容易褪色。大量水分的渗透会导致板岩的外观陈旧。因此,板岩最好不要安装在长期潮湿的地区。

板岩由于颜色单一纯真,从装饰上来说,给人以素雅大方之感。在景观应用中,板岩面层不需要再作处理,以显出自然形态,形成自然美感。

4. 砂岩

砂岩又称砂粒岩,是由于地球的地壳运动,砂粒与胶结物(硅质物、碳酸钙、黏土、氧化铁、硫酸钙等)经长期巨大压力压缩黏结而形成的一种沉积岩。砂岩的主要成分为石英65%以上,黏土10%左右,针铁矿13%左右,其他物质10%以上。根据砂岩中碎屑主要颗粒的大小,可分为粗粒砂岩、中粒砂岩、细粒砂岩和不等粒砂岩等。根据砂粒与黏土杂质的含量可分为砂屑岩与杂砂岩两大类,前者含黏土小于15%。砂岩中的石英及硅质岩屑含量超过95%的则称为石英砂岩。石英砂岩或硅质经变质(主要是区域变质)后,则称为石英岩。

砂岩的颗粒均匀,质地细腻,结构疏松,因此吸水率较高,具有隔音、吸潮、抗破损、耐风化、耐褪色、水中不溶化、无放射性等特点。砂岩不能磨光,属亚光型石材,不会产生因光反射而引起的光污染。砂岩还是一种天然的防滑材料。砂岩因其内部构造空隙率大的特性,具有的吸声、吸潮、防火、亚光等特性,在具有吸声要求的影剧院、体育馆、饭店等公共场所应用效果十分理想。

砂岩是零放射性石材,对人体无伤害。我国《建筑材料放射性核素限量》(GB6566—2010)中明确规定,砂岩的放射性不列入放射性检验范围,这是基于常年的监测,以及编制标准时所作的大量抽查得出的结论。

砂岩的分类按砂粒的直径可划分为:巨粒砂岩(2～1 mm)、粗粒砂岩(1～0.5 mm)、中粒砂岩(0.5～0.25 mm)、细粒砂岩(0.25～0.125 mm)、微粒砂岩(0.125～0.062 5 mm)。以上各种砂岩中,相应粒级含量应在50%以上。按岩石类型分类可划分为:石英砂岩,石英和各种硅质岩屑的含量占砂级岩屑总量的95%以上;石英杂砂岩、长石砂岩,碎屑成分主要是石英和长石,其中石英含量低于75%、长石超过18.75%;长石杂砂岩、岩屑砂岩,碎屑中石英含量低于75%,岩屑含量一般大于18.75%,岩屑与长石比值大于3;岩屑杂砂岩。

图 2-6 砂岩

从装饰风格来说,砂岩图案粗犷、自然,花纹变化奇特(见图2-6),在景观设计中,往往能够营造独特的环境氛围。在特性上,具有良好的抗压、耐磨特性,是墙面、景观铺地和异型材的上好品种。在耐用性上,砂岩不会被风化,不会变色,许多在一两百年前用砂岩建成的建筑至今风采依旧、风韵犹存。根据以上特性,在材料应用中,砂岩在室内环境中,可用作外墙面装饰、规格板、雕刻艺术品,在景观设计中,可用作建造用料及铺地材料、雕花线、浮雕板、门套、窗套、花瓶、罗马柱等异型加工。砂岩在景观中的应用,通过实际设计案例分析,其中以铺地和雕刻最广泛，在游泳池旁铺砌砂岩，是充分利用其吸水率高的特性。由于砂岩的结构特点，它是最适合做雕刻的石材。

砂岩与板岩都是景观中常用的石材，在应用中容易出现混淆，其实它们在材料特性和应用领域上都存在很大的差异，如表 2-5 所示。

表 2-5 板岩与砂岩的比较

	板岩	砂岩
成因	变质岩	沉积岩
质地	片状或块状	颗粒均匀、质地细腻、结构疏松
吸水率	低	高
成分	二氧化硅	石英 65%，黏土 10%，真铁矿 13%，其他 10%
面层	自然面	亚光型石材
应用	地板、瓦板、墙板和台面板	雕刻、铺地

5. 砂卵石和砂砾石

砂卵石是被河水长期冲刷形成的小卵石，色彩斑斓，纹理迷人，如图 2-7 所示。砂砾石是由大块石料机械粉碎成小颗粒，再经磨洗去锐成钝，色彩艳丽，遇水更显五彩缤纷。砂卵石是构成自然河床、浅滩、山岗的一种材料，它的价格低廉，使用广泛，而砾石加工方便，两者都是较容易得到的铺装材料。

图 2-7 砂卵石

卵石、砾石景观在自然界中随处可见，在现代景观中应用广泛。实际上它的运用已经有悠久的历史了，在中国古典园林与日本枯山水园林中，都是使用频率较高的设计材料。在规则式园林中，卵石、砾石也能够创造出极其自然的效果，它们一般用于连接各个景观、构景物，或者是用于连接规则的整形和修剪植物。在自然式的园林中，当植物蔓延到由卵石、砾石铺砌的小路或其他铺装上时，营造了一种舒适、自然的景观氛围，由它铺成的小路不仅干爽、稳固、坚实，而且还为植物提供了最理想的掩映效果，总体上仍然保持一种自然的景观特征。同时，卵石砾石还具有极强的透水性，即使被水淋湿也不会太滑，在景观铺地设计中，卵石砾石无疑是一种较好的选择，如图 2-8 所示。随着工艺的

图 2-8 卵石铺地

不断提高,现在市场上出现了一些染色砾石,像亮黄色、深紫色、鲜橙色、艳粉色,甚至染上彩色的条纹,看起来不像石头,倒更像是一块诱人的咖啡糖,这些鲜亮的纯色令人振奋,具有强烈的视觉冲击力,对于那些富有创新精神、勇于打破常规束缚的设计师而言,它们是灵感的源泉,是创作的基础。

6. 人造石材

人造石材,通常是指不是由百分之百天然石材原料加工而成的石材。按其制作方式的不同可分为两种:一种是人造石材板材,是将原料磨成石粉后,再加入化学药剂、胶着剂等,以高压制成板材,并在外观色泽上添加人工色素与仿原石纹路,提高多变化性及选择性;另一种则称为人造石块,是将原石打碎后,加入胶质与石料真空搅拌,并采用高压震动方式使之成形,制成一块块的岩块,再经过切割成为建材石板,除保留了天然纹理外,还可以经过事先的挑选统一花色,加入喜爱的色彩,或嵌入玻璃、亚克力等,丰富其色泽的多样性。这些产品的主要优点是花纹图案可以随意设计,价格较天然石材便宜且施工方便,外观惟妙惟肖,甚至达到以假乱真的地步。

现阶段,人造石材市场还没有形成统一的行业标准,常见的有:人造大理石又名塑料混凝土,如图 2-9 所示;人造花岗岩,又名树脂混凝土;人造砂岩;微晶石;水泥铺地石;等等。

1)人造石材的分类

天然石材由于受到形成条件、地理位置等客观因素的影响,在现代景观设计中的应用具有一定的局限性。一方面,随着现代景观设计的发展,对景观材料提出了轻质、高强、美观、多品种的要求;另一方面,工艺的改进为人造石材进入景观材料市场创造了条件。人造石材就是在这种形势下出现的,它重量轻、强度高、耐腐蚀、耐污染、施工方便、花纹图案可人为控制,是现代景观理想的材料。

图 2-9 人造大理石

人造石材大多由改性树脂与碎石组成,呈中性或偏碱性,结构致密,因此毛孔细小,其病症出现的概率很小,后期防护的工作主要是防污。其优点是可调节色彩,利于饰面装饰。其缺点是硬度不够,光度不一致。

按生产所用原材料及生产工艺,人造石材一般可分为四类:

(1)树脂型人造石材。树脂型人造石材是以不饱和聚脂树脂为胶结剂,与天然大理碎石、石英砂、方解石、石粉或其他无机填料按一定的比例配合,再加入催化剂、固化剂、颜料等外加剂,经混合搅拌、固化成型、脱模烘干、表面抛光等工序加工而成。使用不饱和聚脂的产品光泽好、颜色鲜艳丰富、可加工性强、装饰效果好,这种树脂黏度低,易于成型,常温下可固化。成型方法有振动成型、压缩成型和挤压成型。室内装饰工程中采用的人造石材主要是树脂型的。

(2)复合型人造石材。复合型人造石材采用的黏结剂中,既有无机材料,又有有机高分子材料。其制作工艺是先用水泥、石粉等制成水泥砂浆的坯体,再将坯体浸于有机单体中,使其在一定条件下聚合而成。对板材而言,底层用性能稳定而价廉的无机材料,面层用聚脂和大理石粉制作。无机胶结材料可用快硬水泥、白水泥、普通硅酸盐水泥、铝酸盐水泥、粉煤灰水泥、矿渣水泥以及熟石膏等。有机单体可用苯乙烯、甲基丙烯酸甲脂、醋酸乙烯、丙烯腈、丁二烯等,这些单体可单独使用,也可组合使用。复合型人造石材制品的造价较低,但它受温差影响后聚脂面易产生剥落或开裂。

(3)水泥型人造石材。水泥型人造石材是以各种水泥为胶结材料,砂、天然碎石粒为粗细骨料,经配制、搅拌、加压蒸养、磨光和抛光后制成的人造石材。配制过程中,混入色料,可制成彩色水泥石。水泥型石材的生产取材方便,价格低廉,但其装饰性较差。水磨石和各类花阶砖也是属于这一类。

(4)烧结型人造石材。烧结型人造石材的生产方法与陶瓷工艺相似,是将长石、石英、辉绿石、方解石等粉料和赤铁矿粉,以及一定量的高岭土共同混合,一般配比为石粉60%、黏土40%,采用混浆法制备坯料,用半干压法成型,再在窑炉中以1 000 ℃左右的高温焙烧而成。烧结型人造石材的装饰性好,性能稳定,但需经高温焙烧,因而能耗大,造价高。

上述4种人造石材中,由于不饱和聚脂树脂具有黏度小,易于成型,光泽好,颜色浅,容易配制成各种明亮的色彩与花纹,固化快,常温下可进行操作等特点,因此在上述石材中,树脂型人造石材目前使用最广泛。综合比较,树脂型人造石材,其物理、化学性能稳定,适用范围广,又称聚酯合成石。水泥型最便宜,但抗腐蚀性能较差,容易出现微裂纹,只适合于作板材。其他两种生产工艺复杂,应用很少。

2)微晶石

微晶石是一种人造石,也称微晶玉石、玉晶石、水晶石、微晶陶瓷、结晶玻璃、微晶砖、微晶板材等,是一种新型的高档装饰材料(见图2-10),它是由含氧化硅的矿物在高温作用下,其表面玻化而形成的一种人造石材,其主要成分是氧化硅,性质为偏酸性,结构非常致密,光

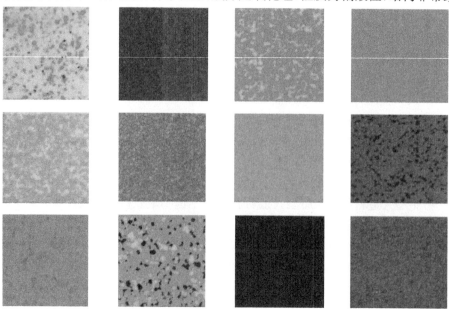

图2-10 微晶石

度和耐磨度都优于花岗岩和大理石,不易出病症,具有无放射、不吸水、不腐蚀、不氧化、不褪色、无色差、不变形、强度高、光泽度高等优良特性。

微晶石与天然石材相比具有如下优越性:放射性小,更环保;色差小,可保持颜色的一致性,更美观;吸水率极低,抗腐蚀性强,无需养护;光泽度高,防滑且易清理。微晶石与人造石材相比具有如下优越性:硬度高,强度大,不易划伤,不易断裂;耐高温,使用寿命长,不易变形和老化;抗腐蚀性能卓越,易清理,不易污染;无机物质,比有机人造石材更环保,有益人体健康;光泽度高,有玉质般的典雅靓丽;在自然条件下,永不褪色。

微晶石进入材料市场后,优良的性能越来越受到设计业内人士推崇,理由主要有以下几点:

(1) 绿色环保。由于烧制前已经被人为地剔除了任何放射性的元素,微晶石不会像天然石材那样产生对人体的放射伤害,是现代最为安全的绿色环保型材料。这一直是微晶石厂商引以为荣的重要方面。

(2) 质地细腻,板面光泽晶莹柔和、美观、高雅。微晶石是在高温下使原料结晶,并由集积法制造而成。因此,它在表面光洁度远高于其他石材,光线无论从任何角度射入,经结晶微妙的漫反射,均可形成自然柔和的质感。此外,由于它没有天然石材的纹理,因此不易断裂。集积法还是一种可以制造丰富色调的方法,以白色为基本色,可搭配出丰富的色彩。

(3) 卓越的抗污染性。微晶石吸水率几近为零,所以水不容易渗入,不必担心冻结破坏以及铁锈、混凝土泥浆、灰色污染物等渗透内部,所以也没有石材吐汗的现象,附着于表面的污物也很容易擦洗干净。

(4) 耐酸碱性优良、耐候性佳。微晶石本身为无机质材料,即使长期暴露于风雨及污染空气中,也不会产生变质、褪色、强度降低等现象,它的耐热抗弯变形能力使它便于制成异形板材。普通曲面石材是较厚的石材料经切削而成,耗材、耗时,而微晶石可制作各种弧度、规格的曲面板,方便、快捷。另外,它的厚度可根据需要,配合施工方法任意调整。

(5) 色彩丰富,应用范围广。微晶石的制作工艺,可以根据使用需要生产出丰富多彩的色调系列,同时,又能弥补天然石材色差大的缺陷,产品可用于公共建筑、景观环境中。

在实际的工程中,微晶石的应用范围并不广泛,主要是花色品种比较单一,价格范围较窄,供人们选择的空间小。现在一些微晶石厂家虽然能生产十几到几十个品种,但因为受技术和成本的限制,大多生产一些畅销、流行的花色,如水晶白、米黄、浅灰等。这和天然石材琳琅满目的上千个品种相比显得有点微不足道,特别是当前由于人们审美观越来越多元化、人们的视野越来越开阔,花色品种的单一已经不能满足人们对装饰的最基本要求。另外,与天然石材相比,受生产成本的制约,当前微晶石的价格范围浮动较小。以北京为例,微晶石价格在每平方米 280～500 元,而天然石材则从 40 元至上千元不等,局限了微晶石的大面积推广。

3) 水泥铺地石

水泥铺地石是用水泥、石子、沙子精制而成的人工石材,通过一些简单的工艺,像染色技术、喷漆技术、蚀刻技术等,在色彩、图案等方面进行艺术加工,既具有了天然石材的高雅与粗犷,又大大降低了工程造价。相当于"天然石材的效果,水泥制品的价格"。这种产品表面效果酷似花岗岩,防滑效果好且富有弹性感,品种多样,色彩可变,条纹分细、中、粗,颜色可根据当地的石子色调而定,用水泥添加染料即可生产出五光十色的条纹、方格等图案样式。

4）人造砂岩

人造砂岩也是一种人造石的装饰产品，它是天然石材质和现代先进科技的完美结合。人造砂岩又叫仿砂岩或复合砂岩。它是将天然砂岩粉碎成细砂石粉，再添加多种胶凝材料复合而制造出丰富多感、细腻而质感效果鲜明的艺术砂岩制品，所以又称之为艺术砂岩。

人造砂岩具有天然石材质感硬、耐久的特性，由于表面粗糙，可形成光的散射，使其制品表面低处显得更暗，比那些光洁石材制品的立体感更强，所以它的图案纹路就特别清晰，装饰性极好。人造砂岩的特点就是本色、自然、质朴，具有防水防腐蚀的特点，是环保石材，无辐射，又比天然砂岩更富艺术表现力——不论是古典、现代、中式、欧式，都可以尽现其中。人造砂岩肌理丰富，耐水、防火、强度高、耐腐蚀、耐污染，飘逸自然，粗细有致，让单调的墙体充满了立体感和流动感。人造砂岩产品同真岩石相比，重量、密度、强度等基本接近，韧性则优于普通真正石材，所以较容易运输及安装。另外，通过正规厂家生产的人造砂岩的吸水率、耐酸性、抗冻性、耐碱性都达到或超过了产品质量监督标准。制品表面呈砂粒状，有砂岩的天然质感，明暗对比强烈，立体感突出，更富于装饰性。人造砂岩在景观设计中主要应用于环境雕塑、镶贴材料、花盆、护栏、工艺摆设等。

7. 文化石与罗马石

文化石和罗马石在应用中经常被提到，而实际上这两个名称并不是两种石材的类型，而是两种应用叫法。文化石是用于室内外的、规格尺寸小于 400 mm×400 mm、表面粗糙的天然或人造石材。其中"规格尺寸小于 400 mm×400 mm、表面粗糙"是其最主要的两项特征。文化石本身并不具有特定的文化内涵。但是文化石具有粗砺的质感、自然的形态，可以说，文化石是人们回归自然、返朴归真的心态在装饰中的一种体现。天然文化石是开采于自然界的石材矿床，其中的板岩、砂岩、石英石，经过加工都可成为一种文化石装饰建材。天然文化石材质坚硬，色泽鲜明，纹理丰富，风格各异，具有抗压、耐磨、耐火、耐寒、耐腐蚀、吸水率低等优点。人造文化石是采用硅钙、石膏等材料精制而成。它摹仿天然石材的外形纹理，具有质地轻、色彩丰富、不霉、不燃、便于安装等特点。天然文化石最主要的特点是耐用，不怕脏，可无限次擦洗。但装饰效果受石材原纹理限制，除了方形石外，其他的类型施工较为困难，尤其是在拼接时更是如此。人造文化石的优点在于可以进行色彩搭配与创新，用乳胶漆等涂料表面加工，就可以改变色彩。在加工好以后，人造文化石多数采用箱装，其中不同块状已经分配好比例，安装比较方便。但人造文化石怕脏，不容易清洁，而且有一些文化石受厂商水平、模具数目的影响，款式十分有限。

罗马石是用天然花岗岩由断切机切成(10～15 mm)×(10～15 mm)×(12～20 mm)的矩形块，用于铺设室外路面的一种石材的叫法，因其最早在罗马使用，所以也叫罗马石，通常所说的小料石或弹石也是指这种，如图 2-11 所示。这种石料在断切后要保持自然的断裂面，以杂色为主，带醒目斑点的属于比较高级的一类。用罗马石铺路显得十分古朴、自然，也是合理利用石材资源的方法之一。在马路上以半圆形的拼接形式出现，以前在欧洲古老城市街道和古建筑周围都采用这种铺砌方式，近年我国一些城市小广场、校园、小游园也有应用。用半圆形式铺路并没有太多的技术依据，多数被认为半圆形是类似西方建筑中常出现的穹顶样式而受欢迎。在现在景观铺地设计中，除了天然的，也有人工的小料石铺砌成半圆形而被叫做罗马石。

图 2-11 罗马石

8. 假山常用的石材

假山的材料有两种，一种是天然的山石材料，仅仅是在人工砌叠时，以水泥作胶结材料，以混凝土作基础；还有一种是水泥混合砂浆、钢丝网或 GRC（低碱度玻璃纤维水泥）作材料，人工塑料翻模成型的假山，又称"塑石"、"塑山"。

常见用作假山的天然石材有以下几种：

（1）太湖石（见图 2-12）。太湖石分为南太湖石和北太湖石。南太湖石俗称太湖石，是一种多孔玲珑剔透的石头，因盛产于太湖地区而古今闻名，与雨花石、昆石并称为江南三大名石。李斗《扬州画舫录》载：'太湖石乃太湖石骨，浪击波涤，年久孔穴自生'。太湖石的形成，首先要有石灰岩。苏州太湖地区广泛分布 2～3 亿年前的石碳，二叠、三叠纪时代形成石灰岩，成为太湖石的丰富的物质基础。其中以 3 亿年前石炭纪时，深海中沉积形成的层厚、质纯的石灰岩为最好。往往能形成质量上乘的太湖石。然后丰富的地表水和地下水，沿着纵横交错的石灰岩节理裂隙，无孔不入地溶蚀，精雕细凿，或经太湖水的浪击波涤，天长日久便使石灰岩表面及内部形成许多漏洞、皱纹、隆鼻、凹槽。不同形状和大小的洞纹鼻槽有机巧妙地组合，就形成了漏、透、皱、瘦、奇巧玲珑的太湖石。易州怪石，也称北太湖石，产于易县西部山区，其石质坚硬、细腻润朗，颜色为瓦青，以奇秀、漏透、皱瘦、浑厚、挺拔、秀丽为特征。

图 2-12 太湖石假山

（2）黄石。黄石是属于沉积岩中的砂岩，棱角分明，轮廓呈折线，呈现出苍劲古拙、质朴雄浑的外貌特征，显示出一种阳刚之美，与太湖石的阴柔之美，正好表现出截然不同的两种风格，所以受到了造园叠山家的重视，计成在《园冶》评价道："其质坚，不入斧凿，其文古拙……俗人只知其顽夯，而不知其妙。"黄石作为假山材料，是在太湖石产量日益减少后出现的,为了表现黄石与太湖石两种山体的不同趣味,古代造园叠山家们常将这两种山石用于同园中的不同区域,以示对比,如扬州个园四季假山中的夏山(湖石山)与秋山(黄石山),苏州耦园中的东花园假山(黄石山)与西花园假山(湖石山)等。

(3) 英石。英石原产自于英德,所以又称为英德石,是经大自然的千百年骤冷曝晒,箭雨风刀,神工鬼斧雕塑而成的玲珑剔透、千姿百态的石灰石,"瘦、皱、漏、透"四字简练的描述了英石的特点。英石大的可砌积成景观设计中的某一局部山景,小的可制成山水盆景放在案几上,极具观赏和收藏价值。英石分为阳石、阴石两大类,阳石露在外面,阴石藏在土里,阳石按表面形态分为直纹石、斜纹石、叠石等,阴石玉润通透,阳石皱瘦漏透,各有特色。

(4) 斧劈石。斧劈石产于我国较多地区,其中以江苏武进、丹阳的斧劈石在盆景界最为有名。斧劈石是层积岩,属硬质石材,其表面皱纹与中国画中"斧劈皱"相似,四川川康地区也有大量此类石材。斧劈石因为石质较软,可开凿分层,又称"云母石片"。斧劈石的成分主要是石灰质及碳质。同时色泽上虽以深灰、黑色为主,但也有灰中带红锈或浅灰等变化,这是因石中含铁量极其他金属含量的成分变化所形成的。斧劈石因其形状修长、刚劲,造景时常作剑峰绝壁景观,色泽自然。现在大型园庭布置中多采用这种石材造型。

但由于斧劈石本身皱纹凹凸变化反差不大,因此技术难度较高,而且吸水性较差,不容易生苔,盆景成型后维护管理也有一定难度。

(5) 石笋石。石笋石产于浙江、江西地区,又称松皮石、鱼鳞石、蛇皮石、白果峰等,属于观赏石中硬石类,大多呈条柱状,如竹笋。石笋石色泽有青灰、豆青、淡紫等,有长短、宽窄之分。有的尖锐,有的扁侧,有的两面纹理如刷丝、隐在石面中。石笋石以高大、宽阔为优质品,是假山的重要石种,高大的比较适宜布置在庭园中,也适合放置在树木、竹林的侧旁或矮树花丛中,或水榭、沼池的旁边,小的可顺其纹理,略施斧凿,作为盆景制作材料,所制山峰和丛山,势峭峻秀,别具一格。

传统园林中经常使用山石的造景用法有以下几种:① 孤赏石。常选古朴秀丽、形神兼备的湖石、斧劈石、石笋石等置于庭园主要位置中,供人观赏。这些孤赏石除了本身具有瘦、透、漏、皱、丑的观赏价值,又因历年流传,极具人文价值,往往成为设计中的一景。② 峭壁石。明计成在《园冶》中"峭壁山者,靠壁理也,藉以粉墙为纸,以石为绘也。"常用英石、湖石、斧劈石等配以植物、浮雕、流水,在庭院粉墙、宾馆大厅中布置,成为一幅少占地方熠熠生辉的山水画。③ 散点石。以黄石、湖石、英石、千层石、斧劈石、石笋石、花岗岩等,一组三两个,三五成群,散置于路旁、林下、山麓、台阶边缘、建筑物角隅,配合地形,种植花木,有时成为自然的几凳,有时成为盆栽的底座,有时又成为局部高差、材质变化的过渡,是一种非常自然的点缀和提示,这是山石在景观中最为广泛的应用。④ 驳岸石。常用黄石、湖石、千层石,或沿水面,或沿高差变化山麓堆叠,高高低低错落,前前后后变化,起驳岸作用,也作挡土墙,同时营造自然、美观的山水效果。⑤ 石山洞穴。以黄石、湖石、露头石等堆叠成独立的或傍土半独立的山石,俗称"石抱土"。一般高三五米,高的也有达到数十米,并常在山脚设计花坛、池塘、水帘、洞壑。⑥ 山石瀑布。以地形为依据,堆放黄石、湖石、花岗岩、千层石,引水由上而下,形成瀑布跌水。这种做法俗称"土包石",是目前最常见的做法。

另外,近年塑石、塑山的手法得到了广泛的应用和发展。简单来说有钢筋混凝土塑山、砖石塑山、FRP 塑山(石)、GRC 假山、CFRC 塑石,塑山石相对自然山石来说,它们自重轻,施工灵活,受环境的影响小,可以依地势和设计灵活施工。

三、石材面层做法及特点

天然石材从荒料加工成可用板材,结合不同环境场所,需要进行不同的面层处理。景观设计中铺地石材面层做法分为常用的大概有 8 种,分别是自然面、光面、喷砂、拉格拉丝、荔枝面、火烧面、机剁面和水洗面。自然面是保持石材原有的面层效果,一般保留的是石材古朴、粗燥的纹理效果;光面是用抛光机打磨上蜡,一般在户外铺地应用中用得较少,如图 2-13 所示;喷砂面是用砂和水的高压射流将砂子喷到石材上,形成有光泽但不

图 2-13　自然面+光面

光滑的表面;拉格是在两个方向被 9 刀机剁成的纹理,拉丝是在一个方向;荔枝面是手工灼面,一般脆性的石材不适合做荔枝面,其表面粗糙,在高温下形成,如图 2-14 所示;火烧面在生产时对石材加热,晶体爆裂,因而表面粗糙,表面多孔,必须用渗透密封剂,如图 2-15 所示;水洗面是在荔枝面的基础上用水磨机打磨出光泽面而成;机剁面是通过锤打,形成表面纹理,可选择粗糙程度。在使用中要结合具体设计条件选择适合的石材面层做法。

图 2-14　火烧面+荔枝面

图 2-15　火烧面

石材的分类与其表面处理方式如表 2-6 所示,除此以外,可根据设计要求进行面层纹理加工。

表 2-6 石材面层做法

石材种类	面层处理的方式			
	地 板		墙 壁	
	磨面处理	粗面处理	磨面处理	粗面处理
花岗石类	加工板材	干磨 水磨 磨光	火烧面 荔枝面 机剁面 拉格拉丝面 水洗面 喷砂面	干磨 水磨 磨光	火烧面 机剁面
	加工块料	干磨 水磨 磨光	火烧面 水洗面 喷砂面	干磨 水磨 磨光	火烧面 机剁面
大理石类 大理石、化石、蛇纹石等		干磨 水磨 磨光	喷砂面 机剁面	干磨 水磨 磨光	喷砂面 机剁面
铺硬石薄板 安山岩、板岩、片岩等		水磨	自然面	水磨	自然面
砂岩		粗磨	喷砂面 机剁面 自然面 火烧面 荔枝面	粗磨	喷砂面 机剁面 自然面 火烧面 荔枝面
粗石、铺卵石		自然面	自然面	自然面	自然面

四、我国各省份石材介绍

我国石材产量丰富,品种类型极多,由于天然地理条件因素的影响,各个省份的石材都各具特点,为了便于石材统计与分类,对石材进行统一编号,花岗岩用 G 表示,砂岩用 SH 表示,板岩用 S 表示,如编号漳浦红 G3548(见图 2-16),G 为产品属性,表示花岗岩,35 为产地编号,为福建省,48 为产品编号。除了国内石材,也有一些进口的石材种类。

在景观材料设计应用中,通常把石材加工成的标板尺寸为 300 mm×600 mm,厚度为 30 mm,薄板易碎,如果铺地上有车行,厚度最低是 30 mm。通过调研分析表明,我国石材具有以下几方面的特点:

(1)全国花岗岩分布较集中的地区为福建、山东、四川、浙江、广西、新疆六省。

(2)福建和山东两省石材品种多,矿藏开采量大,市场化运作成熟且力度强,价格低廉,是我国目前石材供应的主力区域,在各省均可及时购到。

(3)四川石材品种多,矿藏丰富且品质优良,尤其以红色和绿色系列更显突出,但由于地理交通及开采力度等原因,市场上出现的品种并不多且价格偏高,其中三合红、中国绿(米易绿)、米易豹皮花均为很好的材料,另外,四川的砂岩产量也较高,品质不错且价格便宜。

(4)浙江石材品种多,矿藏丰富,红色较多,但浙江石材运作尚有待进一步开发,是很有潜力的石材供应区域。

(5)广西石材供应较大,品种不多,但几乎每种均品种优良且价格便宜。

(6)新疆维吾尔自治区石材品种也极其丰富,尤以红色和黄色系列品质较好,其中天山红使用非常广泛且价格适中。

(7)云南省砂岩分布较广,品质佳、价格中等。

(8)江西、北京和河北是板岩产量较丰富的区域,尤其是江西和河北两省,品种丰富,价格便宜。

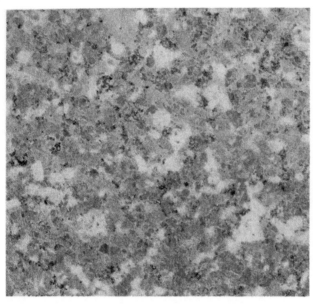

图 2-16　花岗岩编号

各个省份都有一些具有代表性的石材,下面是根据色彩分类汇总的常用石材,如表 2-7 所示。

表 2-7　石材汇总表

序号	名称	原编号	新编号	规格/mm	颜色	单位	地区
一	花岗岩						
1	枫叶红(深色)			300×600×30	A)深红	平方	广西
2	齐鲁红	G354	G3754	300×600×30	A)深红	平方	山东
3	石榴红	G363		300×600×30	A)深红	平方	山东
4	司前一品红		G3315	300×600×30	A)深红	平方	浙江
5	岑溪红	G562	G4562	300×600×30	A)深红	平方	广西
6	平邑将军红	G352	G3752	300×600×30	A)深红	平方	山东

（续表）

序号	名称	原编号	新编号	规格/mm	颜色	单位	地区
7	川红		G5112	300×600×30	A)深红	平方	四川
8	四川红		G5113	300×600×30	A)深红	平方	四川
9	托里红		G6524	300×600×30	A)深红	平方	新疆
10	三合红		G5103	300×600×30	A)深红	平方	四川
11	天山红		G6520	300×600×30	A)深红	平方	新疆
12	鄯善红		G6540	300×600×30	A)深红	平方	新疆
13	加郡红		G5155	300×600×30	A)深红	平方	四川
14	二郎山冰花红		G5114	300×600×30	A)深红	平方	四川
15	喜德玫瑰红		G5139	300×600×30	A)深红	平方	四川
16	长宁红		G3318	300×600×30	B)浅红	平方	浙江
17	罗源樱花红	G663	G3563	300×600×30	B)浅红	平方	福建
18	漳浦红	G648	G3548	300×600×30	B)浅红	平方	福建
19	安溪红	G635	G3535	300×600×30	B)浅红	平方	福建
20	莱州樱花红	G367	G3767	300×600×30	B)浅红	平方	山东
21	南平闽江红		G3559	300×600×30	B)浅红	平方	福建
22	绥中浅红		G2106	300×600×30	B)浅红	平方	辽宁
23	三堡红		G4563	300×600×30	B)浅红	平方	广西
24	桂林浅红		G4573	300×600×30	B)浅红	平方	广西
25	西陵红		G4256	300×600×30	B)浅红	平方	湖北
26	崂山红	G309	G3709	300×600×30	B)浅红	平方	山东
27	古田桃花红		G3567	300×600×30	C)黄红	平方	福建
28	罗源红	G665	G3565	300×600×30	C)黄红	平方	福建
29	连城红	G666	G3566	300×600×30	C)黄红	平方	福建
30	莒南红		G3756	300×600×30	C)黄红	平方	山东
31	枫叶红(浅色)			300×600×30	C)黄红	平方	广西
32	永定红	G696	G3596	300×600×30	C)黄红	平方	福建
33	宁德丁香紫		G3568	300×600×30	C)黄红	平方	福建
34	温州红		G3304	300×600×30	C)黄红	平方	浙江
35	桂林红		G4572	300×600×30	C)黄红	平方	广西
36	阴山红		G1531	300×600×30	C)黄红	平方	内蒙古
37	上虞菊花红		G3305	300×600×30	C)黄红	平方	浙江
38	荣成人和红		G3775	300×600×30	C)黄红	平方	山东
39	荣成海龙红		G3773	300×600×30	C)黄红	平方	山东
40	荣成靖海红		G3772	300×600×30	C)黄红	平方	山东
41	石岛红	G386	G3786	300×600×30	C)黄红	平方	山东
42	龙泉红		G3302	300×600×30	C)黄红	平方	浙江

(续表)

序号	名称	原编号	新编号	规格/mm	颜色	单位	地区
43	安吉红		G3301	300×600×30	C)黄红	平方	浙江
44	光泽铁关红		G3587	300×600×30	C)黄红	平方	福建
45	金钻红		G3591	300×600×30	C)黄红	平方	福建
46	石井锈石	G682	G3582	300×600×30	D)黄色	平方	福建
47	平山柏坡黄		G1303	300×600×30	D)黄色	平方	河北
48	广灵象牙黄		G1404	300×600×30	D)黄色	平方	山西
49	宁德金沙黄		G3569	300×600×30	D)黄色	平方	福建
50	南平青		G3539	300×600×30	E)青色	平方	福建
51	乳山青	G370	G3770	300×600×30	E)青色	平方	山东
52	灵丘太白青		G1405	300×600×30	E)青色	平方	山西
53	航天青		G5143	300×600×30	E)青色	平方	四川
54	通山九宫青		G4298	300×600×30	F)青白	平方	湖北
55	漳浦青	G612	G3512	300×600×30	F)青白	平方	福建
56	济南青	G301	G3701	300×600×30	F)青白	平方	山东
57	雪花青		G3519	300×600×30	F)青白	平方	福建
58	邵武青		G3599	300×600×30	F)青白	平方	福建
59	仕阳青		G3316	300×600×30	F)青白	平方	浙江
60	淇县森林绿		G4101	300×600×30	G)青绿	平方	河南
61	承德燕山绿		G1306	300×600×30	G)青绿	平方	河北
62	平山绿		G1302	300×600×30	G)青绿	平方	河北
63	平山龟板玉		G1301	300×600×30	G)青绿	平方	河北
64	凉城绿		G1550	300×600×30	G)青绿	平方	内蒙古
65	天全邮政绿		G5128	300×600×30	G)青绿	平方	四川
66	米易绿(中国绿)		G5157	300×600×30	G)青绿	平方	四川
67	长乐、屏南芝麻黑	G654	G3554	300×600×30	H)黑色	平方	福建
68	南平黑		G3553	300×600×30	H)黑色	平方	福建
69	建平黑		G2102	300×600×30	H)黑色	平方	辽宁
70	易县黑		G1304	300×600×30	H)黑色	平方	河北
71	福鼎黑	G684	G3518	300×600×30	H)黑色	平方	福建
72	白塔沟丰镇黑		G1510	300×600×30	H)黑色	平方	内蒙古
73	晋江陈山白	G632	G3532	300×600×30	I)白底黑点	平方	福建
74	晋江巴厝白	G603	G3503	300×600×30	I)白底黑点	平方	福建
75	晋江清透白	G615	G3515	300×600×30	I)白底黑点	平方	福建
76	洪塘白	G614	G3514	300×600×30	I)白底黑点	平方	福建
77	东石白	G640	G3540	300×600×30	I)白底黑点	平方	福建
78	晋江内厝白	G633	G3533	300×600×30	I)白底黑点	平方	福建

（续表）

序号	名称	原编号	新编号	规格/mm	颜色	单位	地区
79	吉林白		G2201	300×600×30	I)白底黑点	平方	吉林
80	泉州白	G606	G3506	300×600×30	I)白底黑点	平方	福建
81	平度白	G355	G3755	300×600×30	I)白底黑点	平方	山东
82	仕阳芝麻白		G3309	300×600×30	I)白底黑点	平方	浙江
83	绥中白		G2104	300×600×30	I)白底黑点	平方	辽宁
84	罗源紫罗兰	G664	G3564	300×600×30	J)花底黑点	平方	福建
85	招远珍珠花	G383	G3783	300×600×30	J)花底黑点	平方	山东
86	衡阳黑白花		G4385	300×600×30	J)花底黑点	平方	湖南
87	蒙山花		G3776	300×600×30	J)花底黑点	平方	山东
88	武夷兰冰花		G3529	300×600×30	J)花底黑点	平方	福建
89	泊罗芝麻花		G4394	300×600×30	J)花底黑点	平方	湖南
90	平江黑白花		G4398	300×600×30	J)花底黑点	平方	湖南
91	五莲豹皮花		G3742	300×600×30	J)花底黑点	平方	山东
92	泽山红	G364	G3764	300×600×30	J)花底黑点	平方	山东
93	桃江黑白花		G4397	300×600×30	J)花底黑点	平方	湖南
94	长沙黑白花		G4396	300×600×30	J)花底黑点	平方	湖南
95	望城芝麻花		G4395	300×600×30	J)花底黑点	平方	湖南
96	怀化黑白花		G4386	300×600×30	J)花底黑点	平方	湖南
97	隆回大白花		G4387	300×600×30	J)花底黑点	平方	湖南
98	新邵黑白花		G4389	300×600×30	J)花底黑点	平方	湖南
99	华容黑白花		G4393	300×600×30	J)花底黑点	平方	湖南
100	上虞银花		G3306	300×600×30	J)花底黑点	平方	浙江
101	蒙阴海浪花		G3777	300×600×30	J)花底黑点	平方	山东
102	三门雪花	G273	G3310	300×600×30	J)花底黑点	平方	浙江
103	漳浦马头花	G688	G3588	300×600×30	J)花底黑点	平方	福建
104	崂山灰	G306	G3706	300×600×30	J)花底黑点	平方	山东
105	海浪花			300×600×30	K)花形纹理	平方	广西
106	平邑孔雀绿	G391	G3791	300×600×30	K)花形纹理	平方	山东
107	宝兴黑冰花		G5134	300×600×30	K)花形纹理	平方	四川
108	二郎山菊花绿		G5130	300×600×30	K)花形纹理	平方	四川
109	米易豹皮花		G5158	300×600×30	K)花形纹理	平方	四川
110	冕宁黑冰花		G5145	300×600×30	K)花形纹理	平方	四川
111	华安九龙壁		G3576	300×600×30	L)枝条纹理	平方	福建
112	翡翠绿		G3597	300×600×30	L)枝条纹理	平方	福建
113	雪花蓝麻		G5159	300×600×30	M)蓝色	平方	四川
115	攀西兰		G5142	300×600×30	M)蓝色	平方	四川

（续表）

序号	名称	原编号	新编号	规格/mm	颜色	单位	地区
二	板岩						
1	锈板岩			300×600×25-30	C)黄红	平方	江西
2	霞云岭锈板石	P1018	S1118	300×600×25-30	C)黄红	平方	北京
3	绿板岩			300×600×25-30	E)青色	平方	江西
4	霞云岭青板石	P1015	S1115	300×600×25-30	E)青色	平方	北京
5	黑板岩			300×600×25-30	H)黑色	平方	江西
6	银灰板岩			300×600×25-30	I)白底黑点	平方	江西
三	砂岩						
1	黄木纹砂岩			300×600×30	C)黄红	平方	四川
2	米黄砂岩			300×600×30	C)黄红	平方	四川
3	红砂岩			300×600×30	C)黄红	平方	四川
4	山水纹砂岩			300×600×30	C)黄红	平方	云南
5	木纹砂岩		SH5301	300×600×30	C)黄红	平方	云南
6	红砂岩			300×600×30	C)黄红	平方	云南
7	紫砂岩			300×600×30	E)青色	平方	云南
8	紫砂岩			300×600×30	E)青色	平方	四川
9	绿砂岩			300×600×30	E)青色	平方	四川
10	绿砂岩			300×600×30	E)青色	平方	云南
11	黑砂岩			300×600×30	H)黑色	平方	四川
12	白砂岩			300×600×30	I)白底黑点	平方	四川
13	灰砂岩			300×600×30	I)白底黑点	平方	四川
14	灰白砂岩			300×600×30	I)白底黑点	平方	四川
15	白砂岩			300×600×30	I)白底黑点	平方	云南

第二节　石材在设计中的应用

石材在景观中应用广泛，是四大主材之一，应用范围包括铺地、贴面、小品和景观构筑物，一些生态驳岸也采用天然石材。

一、石材在铺装中的应用

1. 铺装设计的特点

景观铺装如果按园林术语可称为景园铺装，它是景观中使用频率最高的部分。虽然一栋精美的建筑，一个大型的构筑物，或者是一个醒目的自然景观，它们的影响力更多地取决于它们的空间尺度和外观，但是从平面上俯视看，铺装是主要的视觉源，这也是景观设计中，平面图往往是最重要的一张图纸的原因。一个好的铺装可以加强其装饰效果，将景观与周围环境有机结合在一起。铺装设计的合理与否，直接影响到整个景观设计方案。铺装设计应具有装饰性，铺装除了具有交通运输的作用外，本身也是一个被欣赏的对象，而且路面上

图 2-17　铺地

丰富多彩的花纹还可衬托周围环境。铺装路面应有柔和的光线和色彩,减少反光,以防刺眼。路面应与地形、植物、山石等配合,共同构成景色。尤其在自由布局的景观设计项目中,更需要注意这一点,如图 2-17 所示。

在铺装设计中,景观设计中的同一空间,园路同一走向,用一种式样的铺装较好,以达到统一中求变化的目的。实际上,这是以铺装来表达园路的不同性质、用途和区域。同一种类型铺装内,可用不同大小、材质和拼装方式的块料来组成,需要注意结合不同功能来选择适合的材料,例如,主干道、交通性强的区域,景观材料要牢固、平坦、防滑、耐磨,线条简洁大方,便于施工和管理。在小径、小空间、休闲林荫道,可以变化大小或拼砌方法,形式变化丰富一些。计成在《园冶》中对此早有论述:"惟所堂广厦中,铺一概磨砖,如路径盘蹊,长砌多般乱石,中庭式宜叠胜,近砌也可回文,八角嵌方选鹅子铺成蜀锦。"块料的大小、形状,除了要与环境、空间相协调,还要适用于自由曲折的线型铺砌,材料表面处理要粗细适度,粗要可行儿童车,走高跟鞋,细不致雨天滑倒跌伤,块料尺寸模数要与路面宽度相协调,避免施工过程中大规模的切割材料。使用不同材质块料拼砌,色彩、质感、形状等对比要强烈,块料路面的边缘要加固,因为园路的损坏往往从边缘开始。

除了铺装材料本身以外,还要考虑附属工程,比如道方(路牙)或者路沿石、雨水井、台阶和种植池等。

(1)道牙。分立道方和平直道牙两种形式,立道方又叫侧石,平道牙又叫缘石。道牙能保护路面,便于排水。雨水井,是路面排水的构筑物,在景观中多采用砖块砌成,多为矩形,为了造型美观,石材、不锈钢等材料也得到了应用。

(2)台阶。当路面坡度超过 12% 时,为了便于行车,在不通行车辆的路段上,可设台阶。

(3)种植池。在人行道或广场上栽植植物,应提前预留种植池,种植池的大小根据植物的大小而定,一般乔木每边应留 1.2～1.5 m。为使植物免受损伤,最好在种植池上设保护栅栏,同时考虑种植池中的材料,常见的可用砖、防腐木和不锈钢等材料铺砌供人行走,也可以用花灌木种植装饰种植池。

2. 铺装设计应用

铺地作为空间界面的一个方面而存在着,由于它自始至终伴随着使用者,影响着景观效果,成为整个空间画面不可缺少的一部分,参与景观的营造。无论选择石材或是其他材料,在设计中都需要考虑到以下问题。

(1)铺地质感。景观铺地质感与两个因素有关,一个是与环境的关系,另一个是铺地的尺度。铺地是景观元素的一种,在选择材料时,必须考虑与其他景观元素的关系。为了环境效果的整体性,一般采用同一调和、相似调和及对比调和的设计手法实现质感调和。在某一特定的铺地范围,使用同一铺地材料比使用多种材料容易达到整洁和统一,在质感上也容易调和,这就是同一调和。在铺地设计中采用同类铺地材料,如石材类的花岗岩、板岩和鹅卵石等组成大块整齐的地纹,由于质感纹样的相似统一,也容易形成调和的美感,这是相似调

和。选用质感对比的方法进行铺
地设计就形成对比调和,这是提
高质感美的有效方法。例如在草
坪中点缀步石(见图 2-18),石坚
硬的质感和草坪柔软的质感相对
比,形成强烈的质感差异,实现质
感对比。因此,在铺装时,强调同
质性和补救单调性的小面积铺
装,必须在同质性上保持统一。
在设计中,如果同质性太强、过于
单调,在重点处可用有中间性效
果的素材丰富设计层次。在不同的空间

图 2-18　草和花岗岩铺地

尺度内应采用不同质感的铺地材料,形
成或精致或粗放或柔和或粗犷的质感效
果。一般在设计中,大空间要粗犷些,因
为粗糙的往往使人感到稳重、沉着、开
朗。小空间尺度小,需要细致,给人以精
美、柔和的感觉。同时,质感变化要与色
彩变化均衡相称,如果色彩变化多,则质
感变化要少一些。如果色彩、花纹图案
都十分丰富,则材料的质感要简单一些。
在不同的功能区域,需要考虑不同的材
料质感,如步行道与周边路缘若有不同
质感,就能形成对比鲜明的领域空间,如
图 2-19 所示。

图 2-19　自然面板岩铺地

　　(2)铺地色彩。景观铺地材料的色
彩的选择应能为大多数人所共同接受,
应稳重而不沉闷,鲜明而不俗气。铺地路面夏季应该光线柔和,不反光刺眼,冬季要比普通
混凝土路面感觉温暖。铺地的色彩如果过于鲜艳、富丽,则会喧宾夺主,甚至会造成混乱的
气氛。色彩必须与环境统一,或宁静、清洁、安定,或热烈、活泼、舒适,或粗糙、野趣、自然。
图案与线条的稳定程度,受色彩变化的大小而定。

　　(3)铺地图案。在景观设计中,路面以它多种多样的形态、花纹图案来衬托、美化环境,
增加景观的景色。花纹图案起装饰路面的作用。铺地的花纹图案因场所的不同而各有变
化,需要讲究路面的花纹图案、材料与区域的意境相结合,起到加深意境的作用。

　　设计中,铺路材料如果采用尺寸较大的单元构件如石材标板,路面图案就应该做到尽可
能的简洁。只有在需要满足一些特殊功能的时候,才选用精致细腻的图案。不要将颜色种
类和图案复杂的材料混合在一起使用,容易造成杂乱的视觉感受。在设计铺地图案时,必须
考虑其功能性与设计图案的一致性。在设计中,不能盲目追求平面效果而采用大量复杂的
花纹图案。在实际应用中,图案往往不能按透视比例缩小,形成倾斜的视觉效果。花岗岩、

砖和卵石砾石都是常见的用来组织铺地图案的材料,花岗岩利用色彩、面层做法的差异组合图案,适合于大面积开敞的空间,卵石砾石是极好的构成材料,能拼成各式图案,如图 2-20 所示。

3.铺地类型与特点

景观铺装既具使用功能,又符合人们的审美需求。在选择中也应注意,景观铺地的使用率越高,磨损也就越严重,所以选用耐磨的铺装材料是很有必要的。

(1)卵石铺地。也称水泥嵌卵石路。它采用卵石铺成各种图案,根据施工的方式可分为预制和现铺两种,如图 2-21 所示。老式的卵石路都是现铺的,除了卵石

图 2-20　自然面板岩铺地

外,还结合瓦片、砖等材料镶嵌而成,底部可以铺黄砂或不铺,边缘先做好侧石,再将卵石侧立排紧,然后用灰浆灌实。如果要先铺花纹,则将瓦片、砖先排好,再用石嵌紧。现铺的卵石路虽然美观,但较费工。为了既能保持传统风格,又增加路面强度,降低造价,现在不少景观中采用预制混凝土卵石嵌花路,简称预制卵石水泥板。

图 2-21　卵石拼花

(2)嵌草路面。这是将天然石块或各种预制水泥混凝土块,铺成冰裂纹或其他花纹,铺

筑时在块料间留 3～5 cm 的缝隙,填入培养土,种上草皮。

(3)块料路面。这是以大方砖、块石、花岗岩标板、板岩和各种水泥预制板组成的路面。这种路面简朴大方,材料表面也可以做多种处理,既加强了路面的光影效果,又可以防滑,而且反光强度小,看起来柔和、舒适。

(4)砖铺路面。现在景观中使用较多,在人行道、小游园、公园和一些活动广场都可采用砖铺路面。砖的类型随着工艺的不断进步,品种和色彩越来越丰富,性能也有了极大的提高。

(5)整体路面。用水泥混凝土或沥青混凝土铺筑而成,透水艺术地坪也属于整体地面,这种地面平整度好、耐压、耐磨,养护简单,清扫方便,车行道、公园的主干道大多采用水泥混凝土或沥青混凝土路面,其缺点是色彩太单调。

(6)步石、汀步、蹬道。步石常用于自然式草地或建筑附近的小块绿地上,材料有天然石块或圆形、木纹形、树桩形等加工成的水泥预制板,自然地散放在草地中供人行走,一方面保护草地,另外也增加野趣。汀步是水中的步石,适用于窄而浅的水面。如小水池、溪、涧等处。为游人的安全起见,石墩不宜高,而且一定要牢固,距离和高度不宜过大。汀步也不能设在水面的最宽处,数量不宜过多,形式较常用的除山石汀步外,还有荷叶汀步。蹬道是局部利用天然岩石凿出的或用水泥混凝土仿树桩、假石等塑成的上山的道路,蹬道一般设在山崖陡峭处。

4. 石材在铺装设计中的应用

铺装的好坏,不只是看材料的好坏,而是决定于它是否与环境相协调。石材可以说是所有铺装材料中最自然的一种,无论是质地鲜亮的花岗岩,还是层次分明的砂岩,即便是未经抛光打磨,由它们铺成的地面都容易被人们接受。虽然有时石材的造价较高,但由于它的耐久性和观赏性均较高,所以在资金允许的条件下,自然的石材应是人们的首选材料。

目前,天然石材一般应用于大型中心广场。常见的有标板和乱型两种铺装图案,标板有严格的尺寸限制,在设计中,需要根据实际尺寸需求进行大小、色彩和图案搭配,乱型则可以根据设计的尺寸进行调节。为了防滑,其表面多为机切毛面、剁斧、机刨、火烧、条纹、自然面等,用这些坚固耐用的天然石材铺设路面,效果好、档次高,但缺点是工程造价高,如图 2-22 所示。

图 2-22 花岗岩铺地

二、石材贴面

作为景观重要的处理手法,石材贴面不仅能艺术地再现自然,而且能表现一定的景观意境。石材贴面可用在景墙、花池、景观小品等不同的景观元素中,实现变化的装饰效果。景墙是集中体现石材贴面效果的景观构筑物,通过巧妙运用线条、色彩、光影、体量、质感等手法,可营造出多种多样的石墙构筑景观,如图 2-23、图 2-24 所示。

图 2-23　石材贴面(一)

图 2-24　石材贴面(二)

（1）线条。线条是指石的纹理、走向和墙缝的式样。水平线条，表达轻巧舒展；垂直线条，表达雄伟高直；矩形和棱形线条，表达稳定庄重；斜线条表达方向和动势生命力；曲折线条表达轻快、活泼。

（2）质感。质感是指材料质地和纹理所给人的触视感觉。花岗岩、大理石、砂岩、页岩等石料浑厚刚劲粗犷，加工后质地光滑细密、纹理有致，适用于纪念性活动场合的贴面处理。

（3）体量。体量是指视觉上的体感分量。景观造景时，为突出尺度感，有时可用体量、大小差异较大的两个或一组构筑物搭配，形成对比，以显出其体量的艺术造型和界面的对比。

（4）色彩。色彩可以给人以浓淡、冷暖、协调与刺激之感。为了在阴雨天或黑夜也能展示其效果，现在常见的处理手法是将石墙的图案材料和发光材料一起使用，以突出视觉效果。

（5）光影。视觉感受上的明暗、强弱、轻重、升降、摇晃都会造成特定的光影及效果。从某种程度上说，"光影也是一种材料，活动的材料"，在设计中对光影加以运用能够形成不同凡响的效果，利用构筑物、植物等景观元素在水中的投影造景是利用光影的一种典型的设计手法。

（6）空间层次。设计中采用的虚实、高低、前后、深浅、分层与分格等手法，都可形成强烈的空间序列层次感，如石墙结合绿化种植池或悬挑花台，可采用围篱作虚景，景墙作实景，形成虚实对比，衬托层次，使围墙、围篱构成的景观充满生机。

（7）花饰。以强烈装饰性的花纹、图案、色彩、浮雕等形式出现于景墙之上，使墙成为景观中垂直雕塑的一部分，发挥其特定的艺术功能，既可远观组景，又能近赏细品，一举数得。

（8）韵律与节奏。质感、体量、色彩、光影、线条等要素不断出现与重复组合，可表现一定的韵律与节奏。一组韵律优美、节奏鲜明的景墙可在人们的思想感情上唤起愉快感。景墙的外形设计、质感强弱、线条聚散、高低大小、转换重叠、更替抑扬，在有规律的间隔中反复回旋，交替组合，自然地形成景墙的韵律与节奏，使原先容易使人感到单调乏味的垂直线形界面有所突破与变化。

三、石材小品和景观构筑物

石材小品包括休息桌椅、灯、景观桥、坐凳、花池、树池、台阶、雕塑、亭廊、垃圾筒等，形式多样，造型丰富，能够发挥了石材材质质朴特点，创造了景观特色，如图 2-25～图 2-28 所示。

图 2-25　石材小品（一）

图 2-26　石材小品（二）

图 2-27　石材小品(三)

图 2-28　石材贴面灯

在实际应用中,石材小品多由工厂加工好后在现场进行安装,现场施工的技术含量较低,但运输不太方便。与其他材质相比,石材小品的色彩、重量和造型能力受其本身属性的影响,会逊色一些,在设计中,应结合具体环境综合选择。

四、石材驳岸

石材驳岸由于材料的自然性,很容易与周围环境协调、融合。设计山石驳岸时,要考虑水平面的高度。为了省石料,通常用毛石或者钢筋混凝土做墙体,再在上面做山石驳岸。一般水平面需超出山石驳岸底线 20 cm 左右,即使水位线少量下降,也不至于露出池底。驳岸要高低错落有致,要前后进出有度,以达到更美的效果,有时需在水里放置一些石头,让山石因水而活,使山石驳岸更有生气,如图 2-29 所示。

图 2-29　石材驳岸

五、假山

山的造型有山矶、山脉、平台、汀步、山坳、山涧、山壑、山峰、山峦、跌水、瀑布等。这些千奇百怪的山形,是大自然的造化,要把这些景观精华溶进人为的空间里,使之成为造景所需要的素材,并充分展示自然山水的魅力。不同的石料叠出的假山风格各异,用太湖石布景,会产生一种江南山水的风格。因为太湖石颜色灰白,有空洞,以曲线条为主要特征,造出来的景比较柔;而黄石所造的景,势必会产生一种直线条、棱角分明,像带子折过的一样,又像斧劈过的一般,所以黄

图 2-30　黄石叠景

石布景比较刚,如图 2-30 所示;还有一种是房山山皮石,它的特点在太湖石和黄石之间,既有曲线的一面又有直线的一面,属于刚柔结合型的叠山材料。山皮石长期暴露在山体表面,风化层有自然花纹,侧面又有自然的水纹,叠出的山石驳岸用"折带皴"手法来做,会显得很自然,因石料的水纹线和水平线成一平行线,故让人感觉这石头就仿佛自然长在河边的,有一种被水浸蚀的痕迹。

人工塑山、塑石可以根据设计需要进行尺度、造型塑造,价格便宜,不用顾虑天然采石的限制,在现场施工便捷,在景观中应用也越来越多。

第三节　常见石材的施工方法

石材设计除了考虑美观、实用、造价等因素外,在施工管理中,为了日后方便、简捷、高效的保养,还应考虑到一些综合因素:大理石、花岗岩混铺,几何图形不宜过碎,因为两者耐磨性、护理方法都有所不同,不利于日后保养;光面石材与毛面石材混铺,几何图形也不宜过碎;易掉色的石材和浅色石材尽量不相邻铺设。对石材加工过程中的加工、修补、破损、调色、染色工艺应该详加考察,如果选用不当,会极大缩短其使用寿命,影响正常作用。

一、石材的防护

石材的防护主要是 3 个阶段的防护,即铺装前、铺装过程中和使用后的防护。石材在铺装前应该对材料的六面进行深层防护,结合不同材质的特点采用不同的方法,对于吸水率较高的石材的防护要达到防水、防污的目的,使其在日后的使用中不易被污染。对于质地较软的石材可通过石材加固剂,加强其硬度。石材在安装中应尽量避免高低位,并注意成品保护,对进口石材,可采用铺装毛板,然后现场打磨、抛光的方法处理,这样将会大幅度降低工程造价。铺装后应做好成品保护工作,防止后续对石材的磨损,造成不必要的浪费。投入使用前,需要采用科学方法清理施工残迹,防止不当方法对石材造成损害。采用正确、有效的护理方法对石材进行防护。目前最好的护理方式为晶面处理,同时还需注意采取有效措施,如合理地铺设地垫等,控制并减少可能对石材造成损害的污染源。在使用中,需要及时、

正确地清理污物,在石材保护层未被完全磨损前,及时补做保护层,及时进行保养,采用中性、对石材无损害的清洁剂及操作工艺定期清洗。对本质尚好但表面磨损严重的石材,可进行翻新处理,对出现返黄、返碱、污渍、水渍等现象的石材,可先针对性地进行起渍拔污处理,然后做深层防护,以防再次被污染。

二、常见铺地垫层做法

在施工过程中,地面铺装施工流程一般为基层—结合层—面层,下面分别介绍各个层常见做法和需要注意的问题,因为砖和石材的垫层做法类似,所以在这里一并介绍。

1. 基层分类及施工

(1)干结碎石。干结碎石是指在施工过程中不洒水或少洒水,依靠充分压实及用嵌缝料充分嵌挤,使石料间紧密锁结所构成的具有一定强度的结构,一般厚度为8~16 cm,适用于园路中的主路等。

(2)天然级配砂砾。天然级配砂砾是用天然的低塑性砂料,经摊铺平整并适当洒水碾压后形成的具有一定密实度和强度的基层结构。它的一般厚度为10~20 cm,若厚度超过20 cm应分层铺筑。适用于景观中各级路面,尤其是有荷载要求的嵌草路面,如草坪停车场等。

(3)石灰土。在粉碎的土中,掺入适量的石灰,按一定的技术要求,把土、灰、水三者拌和均匀,在最佳含量的条件下压实成型,这种结构称为石灰土基层。石灰土力学强度高,有较好的整体性、水稳性和抗冻性。它的后期强度也高,适用于各种路面的基层、底基层和垫层。

为达到要求的压实度,石灰土基一般应用不小于12 t的压路机或其他压实工具进行碾压。每层的压实厚度最小不应小于8 cm,最大也不应大于20 cm。如超过20 cm,应分层铺筑。

(4)煤渣石灰土。煤渣石灰土也称二渣土,是以煤渣、石灰(或电石渣、石灰下脚)和土3种材料,在一定的配比下,经拌和压实而形成强度较高的一种基层。

煤渣石灰土具石灰土的全部优点,同时还因为它有粗粒料作骨架,所以强度、稳定性和耐磨性均比石灰土好。另外一个特点是,它的早期强度高有利于雨季施工。煤渣石灰土对材料要求不大严,允许范围较大。一般最小压实厚度应不小于10 cm,但也不宜超过20 cm,大于20 cm应分层铺筑。

(5)二灰土。二灰土是以石灰、粉煤灰与土按一定的配比混合,加水拌匀碾压而成的一种基层结构。它具有比石灰土还高的强度,有一定的整体性和较好的水稳性。二灰土对材料要求不高,一般石灰下脚和就地土都可利用,在产粉煤灰的地区均有推广的价值。这种结构施工简便,既可以机械化施工,又可以人工施工。

2. 结合层施工

片块状材料作路面面层,在面层与道路基层之间需作结合层,其做法有两种:一种是用湿性的水泥砂浆、石灰砂浆或是混合砂浆作为材料,称为湿法铺筑(也称刚性铺地);另一种是用干性的细砂、石灰粉、灰土(石灰和细土)、水泥粉砂等作为结合材料或垫层材料,称为干法铺筑(也称作柔性铺地)。在完成的路面基层上,重新定点、放线,每10 m为一施工段落,根据设计标高、路面宽度定放打桩,打好边线、中线。

湿法铺筑是用厚度为1.5~2.5 cm的湿性结合材料,如用1:2.5或1:3水泥砂浆、

1:3石灰砂浆、M2.5混合砂浆或1:2水泥浆等,垫在路面面层混凝土板上面或路面基层上面作为结合层,然后在其上砌筑片状或块状切面层。切块之间的结合以及表面磨缝,也用这些结合材料,以花岗岩、釉面砖、陶瓷广场砖、碎拼石材、马赛克等片状材料贴面铺地,都要采用湿法铺砌。用预制混凝土方砖、砌块或黏土砖铺地,也可以用这种铺筑方法。

干法铺筑是以干性粉砂状材料作路面面层砌块的垫层和结合层。这类材料常见的有:干砂、细砂土、1:3水泥干砂、1:3石灰干砂、3:7细灰土等。铺砌时,先将粉砂材料在路面基层上平铺一层,厚度是用干砂、细土作垫层,厚3~5 cm,用水泥砂、石灰砂、灰土作结合层,厚2.5~3.5 cm,铺好后抹平。然后按照设计的砌块、砖块拼装图案,在垫层上拼砌成路面面层。路面每拼装好一小段,就用平直的木板垫在顶面,以橡皮锤在多处震击,使所有砌块的顶面都保持在一个平面上,这样可使路面铺装得十分平整。路面铺好后,再用干燥的细砂、水泥粉、细石灰等撒在路面上并扫入砌块缝隙中,使缝隙填满,最后将多余的灰砂清扫干净。以后,砌块下面的垫层紧密地结合在一起。适宜采用这种干法铺砌的路面材料主要有:石板、整形石块、混凝土路板、预制混凝土方块和砌块等。传统古建筑庭院中的青砖铺地、金砖墁地等地面工程,也常采用干法铺筑。

3. 面层施工与装饰

在完成的结合层上,设置整体现浇路面边线处的施工挡板,确定砌块路面的砌块列数及拼装方式。面层材料运入现场开始施工。

在铺平的松软垫层上,按照预定的图样开始镶嵌拼花。一般用立砖、小青瓦瓦片来拉出线条、纹样和图形图案,再用各色卵石、砾石镶嵌作花,或者拼成不同颜色的色块,以添充图形大面。然后经过进一步修饰和完善图案纹样并尽量整平铺地后,就可以定形。定形后的铺地地面,仍要用水泥干砂、石灰干砂撒在其上,并扫入砖石缝隙中填实。最后用大水冲击或使路面有水流淌。完成后,需要养护7~10天。

地面石子镶嵌与拼花,是中国传统地面铺装中常用的一种方法。施工前,需要根据设计的图样,准备镶嵌地面用的砖石材料。设计有精细图形的,要先在细密质地青砖上放好大样,再精心雕琢,做好雕刻花砖,施工中可嵌入铺地图案中。要精心挑选铺地用石子,挑选出的石子应按照不同颜色、不同大小、不同长扁形状分类堆放,以利于铺地、拼花时方便使用。

嵌草路面的铺筑有两种类型:一种是块料铺装时,在块料之间留出空隙,中间种草。如冰裂纹嵌草路面、空心砖纹嵌草路面、人字纹嵌草路面等,另一种是制作成可以嵌草的各种纹样的混凝土铺地砖。施工时,先在整平压实的路基上铺垫一层栽培壤土作垫层。壤土要求比较肥沃,不含粗粒物,铺垫厚度为10~15 cm。然后在垫层上铺砌混凝土空心砌块或实心砌块,砌块缝中填壤土,并播种草籽或贴上草块踩实。实心砌块的尺寸较大,草皮嵌种在砌块之间的预留缝中,草缝设计宽度可在2~5 cm,缝中填土达砌块的2/3高。砌块下面所用壤土作垫层并起找平作用,砌块要铺得尽量平整。空心砌块的尺寸较小,草皮嵌种在砌块中心预留的孔中。砌块与砌块之间不留草缝,常用水泥砂浆黏接。砌块中心孔填土的厚度为砌块的2/3高,砌块下面仍用壤土作垫层找平。要注意的是,空心砌块的设计制作一定要保证砌块的结实坚固和不易损坏,因此,预留孔径不能太大,孔径最好不超过砌块直径的1/3。采用砌块嵌草铺装的路面,或砌块和嵌草层道路的结构面层,其下面只能有一个土壤垫层,在结构上没有基层,只有这样的路面结构才能有利于草皮存活与生长。

三、常见铺地施工做法

石材在铺地应用中,可以选择同一种材质,也可以选择不同材质,下面列举常见的花岗岩同一面层做法:标板铺地的平面图与剖面做法,如图 2-31、图 2-32 所示;花岗岩和草地间隔铺地的平面图和剖面做法,如图 2-33、图 2-34 所示;花岗岩异型铺地的平面图和剖面做法,如图 2-35、图 2-36 所示;花岗岩两种面层标板铺地的平面图与剖面做法,如图 2-37、图 2-38所示;卵石铺地平面图与剖面做法,如图 2-39～图 2-41 所示。

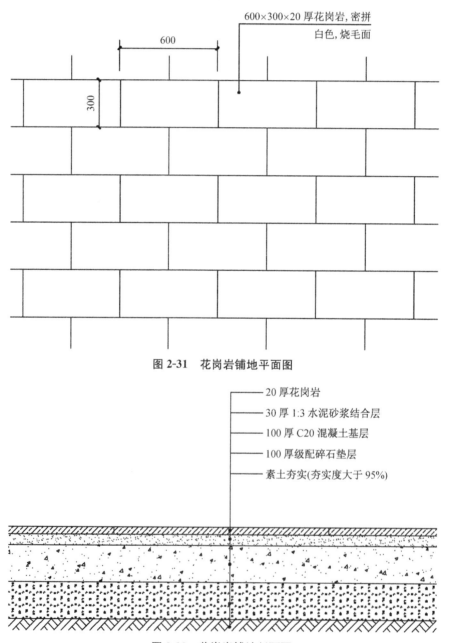

图 2-31　花岗岩铺地平面图

- 20 厚花岗岩
- 30 厚 1:3 水泥砂浆结合层
- 100 厚 C20 混凝土基层
- 100 厚级配碎石垫层
- 素土夯实(夯实度大于 95%)

图 2-32　花岗岩铺地剖面图

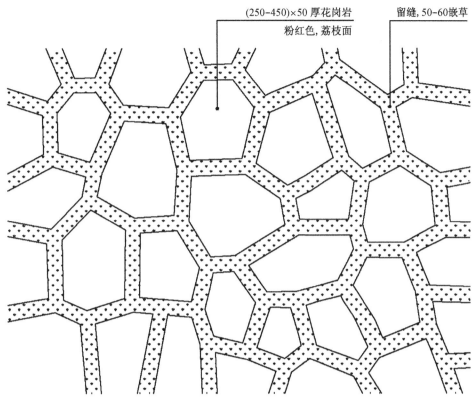

(250-450)×50 厚花岗岩

粉红色,荔枝面

留缝,50-60嵌草

图 2-33 花岗岩乱拼铺地平面图

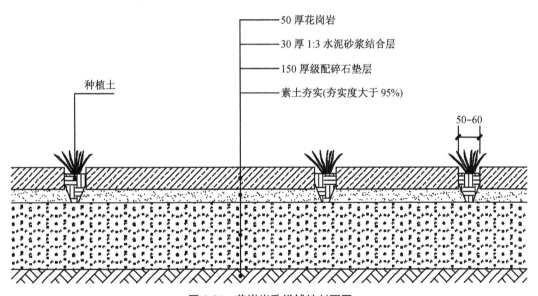

50 厚花岗岩

30 厚 1:3 水泥砂浆结合层

150 厚级配碎石垫层

素土夯实(夯实度大于95%)

种植土

50-60

图 2-34 花岗岩乱拼铺地剖面图

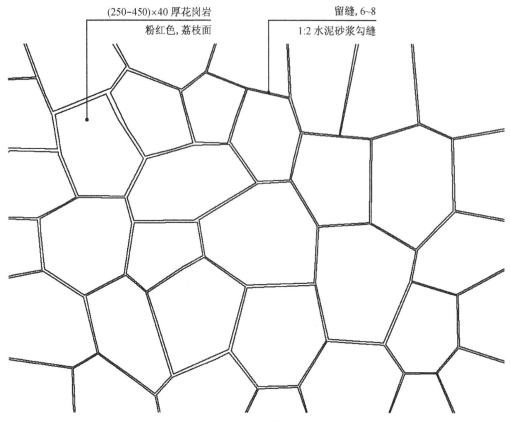

(250~450)×40 厚花岗岩
粉红色, 荔枝面

留缝, 6~8
1:2 水泥砂浆勾缝

图 2-35 花岗岩乱拼铺地平面图

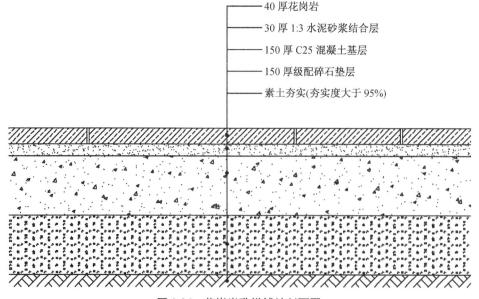

40 厚花岗岩
30 厚 1:3 水泥砂浆结合层
150 厚 C25 混凝土基层
150 厚级配碎石垫层
素土夯实(夯实度大于 95%)

图 2-36 花岗岩乱拼铺地剖面图

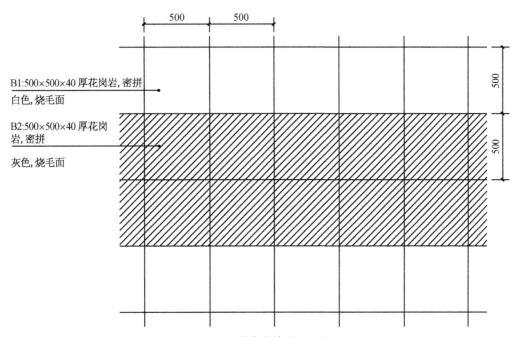

图 2-37　花岗岩铺地平面图

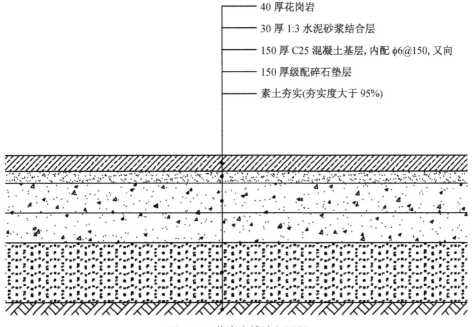

图 2-38　花岗岩铺地剖面图

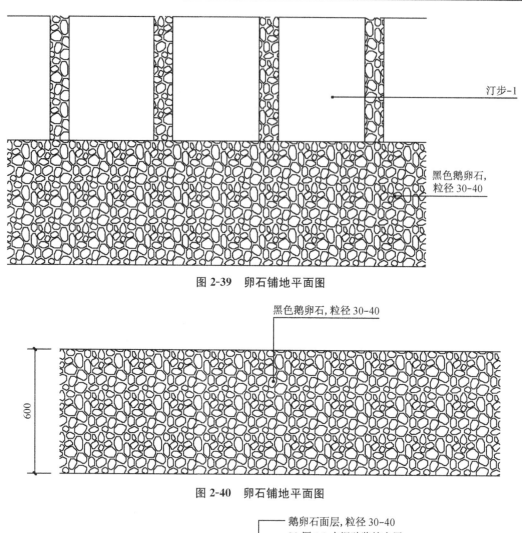

图 2-39 卵石铺地平面图

图 2-40 卵石铺地平面图

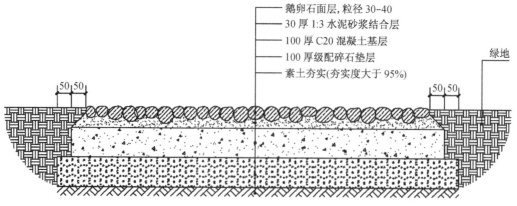

图 2-41 卵石铺地剖面图

四、常见石材驳岸施工做法

石材在驳岸设计中有较多的应用(见图 2-42),这是以石材作为水池池壁和池底材料的水体驳岸设计剖面图,在设计中,主要蒙古黑花岗岩作为压顶材料,以自然面芝麻灰花岗岩作为池底铺面材料。

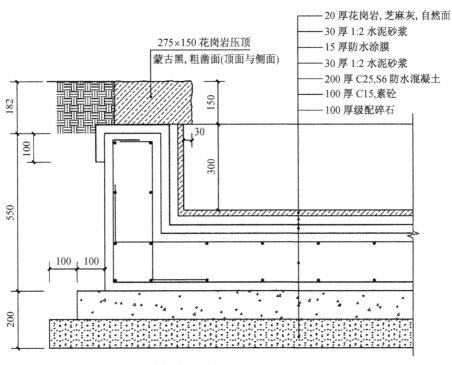

图 2-42　石材池壁及池底剖面图

五、常见贴面及压顶施工做法

石材应用于贴面和压顶的例子较多,贴面材料既可采用光面做法的石材给人以平整、光滑的感觉,也可采用荔枝面、机剁面等粗糙面层做法,以突出石材自然、天然的特征,如图 2-43所示。

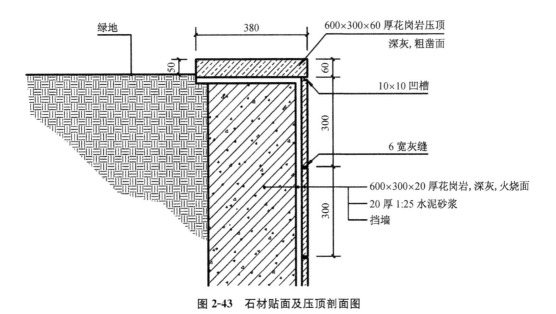

图 2-43　石材贴面及压顶剖面图

第四节　石材总结

石材作为主要的景观材料,无论是从工程量,还是从工程造价方面考虑,都是景观材料中重要的一部分。随着加工处理方式和后期维护方法的不断完善,石材在设计中的应用越来越多。

石材在设计应用的过程中,既需要考虑图案设计,如矩形和棱形线条,表达稳定庄重;斜线条表达方向和动势生命力;曲折线条表达轻快、活泼,这些形式都需要结合实际的设计进行合理的构思,还需要考虑一下几个因素:首先需要考虑的问题是石材质感与周围总体整体景观环境的融合,花岗岩、大理石、砂岩、板岩等石料质感都是浑厚刚劲粗犷,加工后质地光滑细密、纹理有致,卵砾石料光滑活泼,又有强烈的色彩明暗对比,可按一定的图案砌筑成景。这些都是在选择中需要考虑到的问题,在合适的场景中选择合适的材料,才能充分发挥材料的特点,体现景观特色;其次需要考虑的是色彩与大小,包括不同材料的色彩搭配,材料与材料之间的色彩搭配,在不同的尺度空间还需要选择材料合适的尺寸,石材在加工过程中,可以加工成合适的板材,但一般情况下,板材越大,价格越高;还需要考虑石材的面层做法,不同的面层做法给使用者的感受是不一样的,如采用拉丝面:水平线条,表达轻巧舒展;垂直线条,表达雄伟高直。在铺地应用中,不适合采用大面积的光面,是出于防滑安全性的考虑。

石材在施工的过程中,从前期检测到铺砌,再到后期维护管理,都需要考虑材料特性。无论何种材料都存在着一定的优势和劣势,例如花岗岩以其结构匀称、硬度好、外表美观等优点被广泛应用,但由于自身的硬度比较大,在现场切割加工的过程中自然费时费力,对切割刀具的损耗也很严重,无形中增加了施工的难度和成本。花岗岩铺装在使用几年后,碎角、裂纹的情况随处可见,增加了后期维修工作的难度。所以,在设计中,必须结合具体景观环境综合考虑,进行选择。

除此以外,石材在选用的过程中,还需要考虑到造价的问题,石材由于开采、加工和后期维护的费用都较高,必须合理地考虑到工程预算。

学习小结

本章学习主要了解石材的分类,景观中常用的石材包括哪些类型,石材在设计中如何应用,在施工中应注意哪些问题。熟悉石材的一般特性,便于在设计中正确地选择和应用石材。

思考题

(1) 石材可分为哪些类型?
(2) 景观中常用的石材包括哪些? 各有哪些特性?
(3) 石材在设计中可应用在哪些方面?
(4) 石材施工中,垫层一般包括几种类型? 请画出剖面图。

第三章　砖材应用与景观设计

本章概述:本章主要介绍砖材的特性、分类及常见砖材类型,砖材在设计中的应用以及常见的砖材施工做法。砖材是景观材料四大主材之一,在景观设计中应用广泛,可作为铺地、装饰贴面、生态护坡、挡土墙和墙体等。由于价格低廉,装饰效果好,在景观设计中常常还与石材、木材综合应用。

第一节　砖的特性及分类

一、砖的特性

砖是一种常用的砌筑材料,自人类文明开始以来,砖就是唯一经得起时间考验的人造建筑材料。砖瓦的生产和使用在我国历史悠久,有"秦砖汉瓦"之称。砖的生产工艺和技术发展到现在,不仅外表美观,还具有优越的性能,如具有高压承重力及耐用性,能抗热,经得起气候的侵蚀,以及有很好的绝热及隔音性能等,所以砖被用在建筑结构、外墙面和景观设计上。在景观设计中,砖主要用于铺地、墙体装饰,如图 3-1 所示。

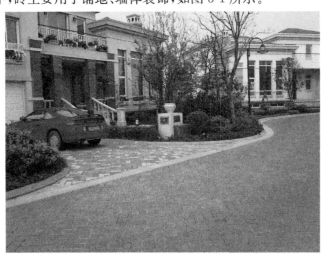

图 3-1　砖铺地

中国传统制砖原料都是采用黏土,制砖的原料容易得到,加上生产工艺比较简单,价格低、体积小便于组合,还具有防火、隔热、隔声、吸潮等优点,所以使用极其广泛,至今仍然广泛地用于墙体、基础、柱等砌筑工程中。但是由于生产传统黏土砖取土量大,能耗高,砖自重大,施工生产中劳动强度高、工效低,因此有逐步改革并用新型材料取代的必要。有的城市已禁止在建筑物中使用黏土砖。为了改进普通黏土砖块小、自重大、耗土多等缺点,现在生产工艺正向轻质、高强度、空心、大块的方向发展。比如推广使用利用工业废料制砖或生产空心砖等。

砖铺地面施工简便,形式风格多样,就景观用砖而言,不但色彩丰富,而且形状规格可以控制。许多特殊类型的砖体可以满足特殊的铺贴需要,创造出特殊的效果,比如供严寒地区使用的铺砖,它们的抗冻、防腐能力较强。雨水较多的地区可考虑加大砖的透水性。

在景观设计中,砖作为一种户外铺装材料,具有许多优点,通过正确的配料,精心的烧制,砖会接近混凝土般的坚固、耐久,它们的颜色比天然石材还多,拼接形式也多种多样,可以变换出许多图案,效果也自然与众不同。砖还适于小面积的铺装,如小景园、小路或狭长的露台等。在一些小尺度空间,如小拐角、不规则边界,或石块、石板无法发挥作用的地方,砖就可以增加景观的趣味性。

砖还可以和其他材料配合起来使用,作为其他铺装材料的镶边和收尾,比如在大块石板之间,砖可以形成视觉上的过渡,不仅如此,还可以改变它的尺寸,以便适用于特殊地块。用砖为露台砌边是一种比较成功的做法,由于这种铺法减轻了外层铺装的压力,所以结构比较稳固。

二、砖的分类

砖按照生产工艺分为烧结砖和非烧结砖,其中非烧结砖主要是蒸压砖、蒸养砖。按所用原材料分为黏土砖、页岩砖、煤矸石砖、粉煤灰砖、砂砾砖、混凝土砖、炉渣砖和灰砂砖等。按有无孔洞分为空心砖、多孔砖和实心砖。空心砖是孔洞率大于等于40%、孔的尺寸大而数量少的砖,常用于非承重部位,强度等级偏低。多孔砖是孔洞率大于等于25%、孔的尺寸小而数量多的砖,常用于承重部位,强度等级较高。实心砖是无孔洞或孔洞小于25%的砖,如图3-2所示。

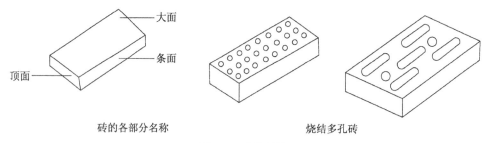

砖的各部分名称   烧结多孔砖

图3-2 砖的结构

黏土是砖材最原始、应用最多的一种材料,除黏土外,也可利用粉煤灰、煤矸石和页岩等为原料烧制砖,这是由于它们的化学成分与黏土相近,但因其颗粒细度不及黏土,所以塑性差,制砖时常需掺入一定量的黏土,以增加可塑性。灰砂砖以适当比例的石灰和石英砂、砂或细砂岩,经磨细、加水拌和、半干法压制成型并经蒸压养护而成。粉煤灰砖以粉煤灰为主要原料,掺入煤矸石粉或黏土等胶结材料,经配料、成型、干燥和焙烧而成。

砖的原料可充分利用工业废渣,节约燃料。利用煤矸石和粉煤灰等工业废渣烧砖,不仅可以减少环境污染,节约大片良田黏土,而且可以节省大量燃料煤。显然,这是三废利用、变废为宝的有效途径。近年来国内外都在研制非烧结砖。非烧结黏土砖是利用不适合种田的山泥、废土、砂等,加入少量水泥或石灰作固结剂及微量外加剂和适量水混合搅拌压制成型,自然养护或蒸养一定时间即可制成。

三、常见的砖材类型

砖材的类型,由于生产厂家的差异,命名方式也各不相同。常见的有:将砖的材质和生产工艺结合起来命名,如烧结页岩砖是以页岩为原料,烧结而形成的砖材;根据砖的功能来命名,如承重砖、盲道砖、路面砖、植草砖和饰面砖等。这里主要介绍常见的砖材类型。

1. 烧结普通砖

国家发布了烧结普通砖的标准 GB5101—2003《烧结普通砖》,按主要原料分为黏土砖(N)、页岩砖(Y)、煤矸石砖(M)和粉煤灰砖(F)。砖的外形为直角六面体,其公称尺寸为:长 240 mm、宽 115 mm、高 53 mm。根据抗压强度分为 MU30、MU25、MU20、MU15、MU10 五个强度等级。强度、抗风化性能和放射性物质合格的砖,根据尺寸偏差、外观质量、泛霜和石灰爆裂分为优等品(A)、一等品(B)、合格品(C)三个质量等级。优等品适用于清水墙和装饰墙,一等品、合格品可用于混水墙。中等泛霜的砖不能用于潮湿部位。砖的产品标记按产品名称、类别、强度等级、质量等级和标准编号顺序编写。如烧结普通砖,强度等级 MU15,一等品的黏土砖,其标记为:烧结普通砖 N MU15 B GB5101。

常用配砖的规格为 175 mm×115 mm×53 mm,装饰砖的主规格同烧结普通砖,配砖、装饰砖的其他规格由供需双方协商确定。

2. 黏土砖

黏土砖实质上是烧结普通砖中的一种,是以黏土为主要材质的烧结砖,黏土砖以黏土(包括页岩、煤矸石等粉料)为主要原料,经泥料处理、成型、干燥和焙烧而成。在建筑应用中,常作为建筑用的人造小型块材,也被称为烧结砖。中国在春秋战国时期陆续创制了方形和长形砖。实心黏土砖是世界上最古老的建筑材料之一,从陕西秦始皇陵到北京明清长城,它传承了中华民族几千年的建筑文明史,如图 3-3 所示。然而,为了节

图 3-3 普通黏土砖

约耕地和保护环境,为转变这一严重浪费土地资源的传统烧制方式,国务院批转了原国家建材局等部门联合下发的"关于新型墙体材料的开发与推广意见",并对全国 170 个大中城市提出了"禁止使用实心黏土砖时间表"。一般来讲,具有生态要求的黏土砖体在渗水率上要达到 6%~13.4%,这样才能通过体内涵养的水分调节气温,缓解热岛效应。因为黏土砖本身不能调节温度,但如果体内水分涵养大的话,吸热和放热的速度会减慢,所以,能减小城市中白天和黑夜的温差。而砖在被水浸透或受冻的情况下耐用也是其所应具有的最根本的性能。

3. 路面砖

就景观设计而言,路面砖是对路面铺地材料的一种笼统说法,也是对于景观设计中以砖作为铺地材料的一种总称,有的还称为景观砖,有的称为地砖,如图 3-4 所示。它可以由黏土、页岩和混凝土等多种材料制成,有的突出材料特点,命名为混凝土地砖,也可以突出功能性,如生态透水砖,另外,还有真空烧结砖、仿古景观砖等,都是对于铺地砖的具体叫法。就景观应用而言,路面砖就是一种地面装饰材料,规格多种,质量坚硬,容重小,耐压耐磨,能防潮。根据材料和生产工艺的差异,有的表面切磨出条纹或方格,看上去酷似花岗岩,风格有的高雅粗犷,有的浪漫柔和,是极具特色的路面装饰材料。

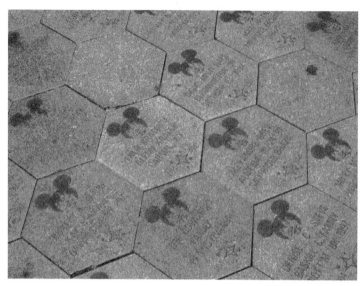

图 3-4 地砖

地砖经上釉处理后,有的被称为釉面砖,釉面地砖也是一种地面装饰材料。陶瓷透水砖是利用陶瓷生产中的废瓷、工业矿渣及其他成本较低的原料研制而成的,是目前在广场、道路、住宅区中应用广泛的一种材料。陶瓷砖的透水系数和孔隙率分别为 3%~6% 和 18%~40%,具有良好的透水性能,且抗冻耐热性能优良。在其他方面,它具备调节微环境、绿色环保、隔热、吸声和强度高、可再生循环使用等功能。但由于陶瓷砖的气孔率较大,强度相对减小,这就意味着要获得较好的透水性能,就得以牺牲强度为代价。

4. 透水砖

自然界中,雨水自然地透过地表而渗入地下,但以前,城市道路、广场多以传统的水泥砌块砖及普通陶瓷烧结砖等阻水材料铺设,还有不透水的混凝土路面、沥青路面和各种房屋及建筑物的拦截面,导致雨水穿透性受阻,加之各城市由于长期超量开发和连年干旱,城市地下水资源逐年衰减,造成城市地下水位大幅度下降。地下水位急剧下降而形成的漏斗区,并引发地面不均匀下降。同时,随着城市人口的不断增多,建筑区域的不断扩大,城市建筑和水泥等铺设的道路广场又将绝大部分土地封闭,使得宝贵的自然降水不能渗入土壤,日益亏耗的地下水资源得不到适时补偿,同时增大了市政排水系统的负荷,制约着城市建设的可持续性发展,由此,透水砖逐渐成为发展的一种需求,如图 3-5 所示。

图 3-5 透水砖

　　透水砖起源于荷兰,在荷兰人围海造城的过程中,发现排开海水后的地面会因为长期接触不到水分而造成持续不断的地面沉降。一旦海岸线上的堤坝被冲开,海水会迅速冲到比海平面低很多的城市,把整个临海城市全部淹没。为了使地面不再下沉。荷兰人制造了一种长 100 mm、宽 200 mm、高 50 或 60 mm 的小型路面砖,铺设在街道路面上,并使砖与砖之间预留了 2 mm 的缝隙,这样下雨时雨水就会从砖之间的缝隙中渗入地下,这就是后来很有名的荷兰砖。

　　在这之后,美国舒布洛科公司发明了一种砖体本身具有很强吸水功能的路面砖,当砖体被吸满水时水分就会向地下排去,但是这种砖的排水速度很慢,在暴雨的天气这种砖没有起不了透水功效,这种砖也被叫作舒布洛科路面砖。20 世纪 90 年代中国出现了舒布洛科砖,北京市政部门的技术人员根据舒布洛科砖的原理发明了一种砖体本身布满透水孔洞、渗水性很好的路面砖,雨水会从砖体中的微小孔洞中流向地下。

　　通过实践一段时间后,为了加强砖体的抗压和抗折强度,技术人员用碎石作为原料加入水泥和胶性外加剂使其透水速度和强度都能满足城市路面的需要,这种砖才是市政路面上使用的透水砖,这种砖的价格比起用陶瓷烧制的陶瓷透水砖相对便宜,适用于大多数地区。

　　5. 植草砖

　　植草砖的原理就是在砖的制造过程中,留有孔洞,可培土种植,既提高场地的绿化率,又不影响使用功能,植草格将植草区域变为可承重表面,适用于停车场、人行道、出入通道、消防通道、高尔夫球道、屋顶花园和斜坡固坡护堤,如图 3-6 所示。尤其适合于设在各类居住小区、办公楼、开发区的停车场和车辆出入通道,也可在运动场周围、露营场所和草坪上建造临时停车场。植草砖坚固轻便,且便于安装,可循环利用。

图 3-6　植草砖

6. 混凝土砖

混凝土砖主要是指由混凝土为主要材质的砖材,分为混凝土地面砖和混凝土砌块,混凝土地面砖主要用于景观环境铺地设计中,混凝土砖既具备混凝土的高强度、耐久、耐磨、耐候等基本特性,又赋予了铺地砖材料的色彩艺术特征。由于生产工艺的不断改进,混凝土地砖发展到现在,类型多样,色彩极其丰富,应用相当广泛。

7. 瓷砖

瓷砖在景观设计中也有不少的应用,它是以耐火的金属氧化物以及半金属氧化物,经由研磨、混合、压制、施釉、烧结的工艺过程而形成的一种耐酸碱的瓷质或石质的建筑或装饰的材料,总称为瓷砖,其原料多由黏土、石英沙等混合而成。

瓷砖的分类比较多,按用途可分为外墙砖、内墙砖、地砖、广场砖和工业砖。按施釉可分为有釉砖和无釉砖。按吸水率可分为瓷质砖、炻瓷砖、细炻砖和陶质砖。按品种可分为釉面砖、通体砖(同质砖)、抛光砖和玻化砖等。

8. 马赛克

马赛克,又称为陶瓷锦砖地面,是由一种小瓷砖镶铺而成的地面,如图 3-7 所示。根据花色品种,它可以拼成各种花纹,故又名"锦砖"。这种砖表面光滑,质地坚实,色泽多样,比较经久耐用,并且耐酸、耐碱、耐火、耐磨、不透水、易清洗,常被用于浴厕、厨房、化验室等处地面,现在在景观设计中主要应用在铺地和景观小品的装饰上。

马赛克根据材质的不同可分为以下几种:①陶瓷马赛克,这是最传统的一种马赛克,以小巧玲珑著称,但较为单调,档次较低;②大理石马赛克,这是中期发

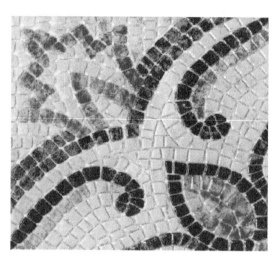

图 3-7 马赛克

展的一种马赛克品种,丰富多彩,但其耐酸碱性差、防水性能不好,所以市场反映并不是很好;③玻璃马赛克,玻璃的色彩斑斓给马赛克带来蓬勃生机,依据玻璃的品种不同,又分为多种小品种;④金属马赛克,这是新型马赛克的一种,质感硬朗,色彩丰富。

马赛克的形状较多,正方形的一般为 15~39 mm 见方,厚度为 4.5 mm 或 5 mm。在工厂内预先按设计的图案拼好,然后将其正面黏贴在牛皮纸上,成为 300 mm×300 mm 或 600 mm×600 mm 的大张,块与块之间留有 1 mm 的缝隙。在施工时,先在基层上铺一层 15~20 mm 厚的 1:3~4 水泥砂浆,将拼合好的马赛克纸板反铺在上面,然后用滚筒压平,使水泥砂浆挤入缝隙。待水泥砂浆初凝后,用水及草酸洗去牛皮纸,最后剔正,并用白水泥桨嵌缝即成。此外,马赛克也可用沥青玛缔脂黏贴,但是很容易把马赛克表面弄脏,因此施工时必须留心。

9. 橡胶地砖

橡胶地砖是一种以再生胶为原材料,以高温硫化的方式形成的一种新型地面装饰材料,

如图 3-8 所示，橡胶地砖由两层不同密度的材料构成，彩色面层采用细胶粉或细胶丝并经过特殊工艺着色，底层则采用粗胶粉或胶粒、胶丝制成。橡胶地砖克服了各种硬质地面和地砖的缺点，能让使用者在行走和活动时始终处于安全舒适的生理和心理状态，脚感舒适，身心放松。橡胶地砖广泛用于运动场地、老年人活动场地、儿童活动场地和运动健身场地，不仅能更好地发挥活动者的运动技能，还能将跳跃和器

图 3-8　橡胶地砖

械运动等可能对人体造成的伤害降到最低限度，能对老人和儿童的安全起到良好的保护作用。橡胶地砖最大特点是防滑、减震、耐磨、抗静电、不反光，疏水性、耐候性好，抗老化，寿命长。

10. 盲道砖

盲道砖大多采用混凝土为主要材质，广泛应用于人行道、广场和一些公共活动领域，根据功能性的不同，可分为导盲砖、导向砖和止步砖，如图 3-9、图 3-10 所示。

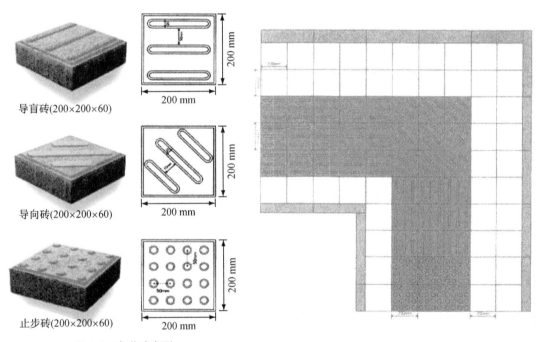

导盲砖(200×200×60)

导向砖(200×200×60)

止步砖(200×200×60)

图 3-9　盲道砖类型　　　　　　　　　图 3-10　盲道砖应用平面

第二节　砖在设计中的作用

砖在景观设计中的应用包括铺地工程、装饰贴面和挡土墙生态护坡工程等。随着科技的不断进步，砖的产品和类型也越来越多，市场上名目繁多，不同的生产厂家其品种也各有

差异。在应用中,除了功能性考虑,还需要结合砖的装饰效果,包括色彩、质感、规格和个性化产品等综合考虑。不同厂家生产的砖的色彩、型号极为丰富,下面介绍的材料以建菱砖、美国舒布洛克砖、大连太平洋砖和北京东方龙泉装饰砖等厂家提供的资料整理而成,应用中可以根据实际需求进行选择。

一、铺地工程

砖作为铺地材料在景观设计中应用是最多的,用作铺地砖的类型、材质、色彩和图案极其丰富,不同色彩、尺寸和图案的搭配都能创造出不同的景观效果,这里主要介绍市面上常见的几类,分别是烧结路面砖、混凝土地砖、生态透水砖、植草砖和路沿砖等。

1. 烧结路面砖

烧结路面砖根据采用的材料可分为黏土烧结路面砖、岩土烧结路面砖和页岩烧结路面砖等。黏土烧结砖路面砖有仿古路砖、毛面路砖等,这些都是在砖的应用基础上,进一步突出景观效果的产品,可根据不同的景观环境进行选择,表 3-1 为大连太平洋的烧结路面砖。

表 3-1　烧结路面砖

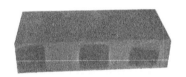

仿古路砖

(230×114×50)mm

棕(brown)

仿古路砖

(230×114×50)mm

灰(grey)

仿古路砖

(210×100×60)mm

象牙阴影(nugget)

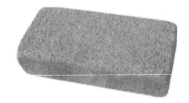

仿古路砖

(210×100×60)mm

粉(pink)

毛面路砖

(230×114×50)mm

棕(brown)

毛面路砖

(230×114×50)mm

粉(pink)

（续表）

毛面阴影路砖

（230×114×50）mm

象牙（ivory）

毛面路砖

（230×114×50）mm

灰（grey）

防滑路砖

（230×114×50）mm

红（red）

防滑路砖

（230×114×50）mm

象牙（ivory）

表 3-2 是由北京东方龙泉装饰有限公司生产的路面砖。

表 3-2　路面砖

规格：（230×115×53）mm；（200×100×53）mm

颜色：红色

花纹：毛面

规格：（230×115×53）mm；（200×100×53）mm

颜色：灰色

花纹：毛面

规格：（230×115×53）mm；（200×100×53）mm

颜色：青色

花纹：毛面

（续表）

规格:(230×115×53)mm;(200×100×53)mm
颜色:棕色
花纹:毛面

规格:(230×115×53)mm;(200×100×53)mm
颜色:黄色花纹:毛面

这种路面砖的特点是规格为(200×100×53)mm 和(230×115×53)mm 两种,可按设计和建筑单位步行道、车行道铺设风格的需要,在满足工艺要求的情况下生产其他规格的地砖。应用范围主要用于广场、步行道、庭院、台阶、机场停机墙的地面装饰铺设。性能特点是典雅古朴、欧式风格、防滑耐酸碱。施工方法是先平整地基,再素土夯实,中砂找平压实,最后按设计图纸风格有缝铺设。

岩土烧结砖是用陶土加以高温烧制而成。高热力提升烧结物的变化过程,造成在陶砖物体上的粒子熔合,变成特别坚固的陶结合物。这种结合体有很强的坚硬性,能使产品抵抗恶劣的天气及防止一般的化学物侵蚀。砖拥有烧陶自然的表面和艳丽的色彩,它的颜色组合是在烧砖过程中经过一系列复杂的自然化学反应造成的。砖的颜色持久而且经过气候的侵蚀也不会脱落。不同的陶土混合、烧制温度或者烧窑空气可以影响烧陶产品产生不同的色调。如果适当地控制这些因素,砖就可以展示各种无限自然和吸引人的色彩,广泛运用于人行道、广场铺装、建筑装饰立面以及不同材料的搭配式修饰铺装中。

2. 混凝土路面砖

混凝土铺地砖是色彩艺术和材料科学相结合的产物,它既秉承了混凝土材料高强度、耐久、耐磨、耐候等基本特性,又赋予了铺地砖材料的色彩艺术特征。色彩采用一定比例的颜料与混凝土相配合,几乎能实现所需要的任何色彩,其中的无机颜料通体地砖具有更好的耐磨和耐候性,不会因磨损和冻融而剥落或褪色。

混凝土路面砖面层质感的处理可以更具装饰性,多样化的色彩、面层质感和块型为地面工程的环境设计提供了更为广阔的选择和创造空间,下面介绍几种舒布洛克混凝土路面砖。

(1)达科他混凝土地砖。它是联锁型铺地砖之一(见图 3-11),啮合式联锁型设计风格独特,各种铺设图案都能实现良好的联锁效果,承载性能卓越。边沿立铺能起到警示的作用并利于盲人辨道,也可用在减速区或隔音带立铺形成凹凸不平的路面。

(2)荷兰铺地砖。这种地砖美观、经济、实用,具有 60 mm、70 mm、80 mm 三种厚度的规格,较小的块型铺设灵活、色彩搭配自由、效果简洁大方,广为流行(见图 3-12),中间带槽的铺块(厚度 60 mm)可与整块搭配使用,形成各种图案,沿铺块的预留槽可切割成两个保留倒角的正方形小块,用于特殊图案的排列和边角的处理。

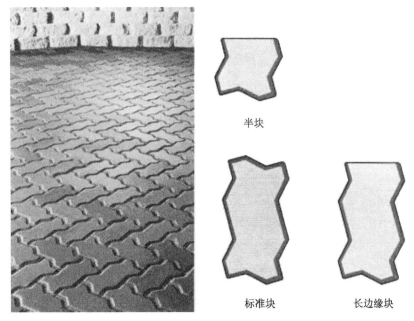

半块

标准块　　　　　　长边缘块

图 3-11　达科他混凝土地砖

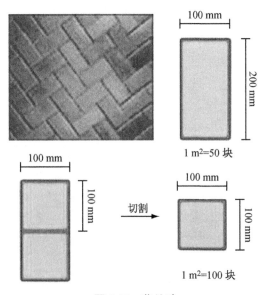

100 mm

200 mm

1 m²=50 块

100 mm

100 mm

切割 →

100 mm

100 mm

1 m²=100 块

图 3-12　荷兰砖

(3)十字波浪型地砖。这种地砖采用目前国际上最先进的联锁型铺地系统,独特的"X"形状和齿状端头结合使砖块之间像齿轮一样紧密啮合,地砖的十二个侧面均受到邻块的约束,具有极大的抗冲击性能、抗扭转和抗剪切性能,并能避免因冲击而产生的填缝的流失。较大的块型和先进的连锁设计能有效分解地面荷载,抵抗基础沉降保持铺面平整。交通流量大的区域还得益于其卓越的抗车辙和抗滑移能力,相同厚度和强度的十字形波浪铺地砖的承载能力远远大于其他任何类型的铺地系统,被广泛使用于码头、机场、集装箱堆场、重载道路和交通十字路口。

（4）组合型混凝土地砖。这种地砖属于联锁型铺地砖的一种,由八边形和四边形联合在一起形成销栓式联合。结合处的饰面槽增进了装饰效果,铺设图案灵活多样,各种排列联锁效果均异常卓越,铺面力学性能不受行车方面的影响。从人行道到行车路面、载重场所,它的使用范围极广。

3. 生态透水路面砖

用于景观铺地的砖,一般情况下都具备一定的透水性。而生态透水砖具有更好的透水保湿性。在雨水天气,雨水可快速经透水砖渗入地下,以充分补充日趋紧缺的城市地下水资源。在晴朗的气候下,蓄积在砖中的水分,可通过蒸发作用,平衡地表温度的变化。实地测试结果表明,透水砖路面在冷季与其他路面相比具有较高的气温和较高的相对湿度,而在热季,则有着较低的温度和较高的相对湿度,具有减轻温室效应的效果,从而有着较好的环境功能。由于产品表面粗糙,透水性高,即使是在雨天,行人也不会因此而滑倒,具有较高的安全性能。

生态透水砖的应用,可使45%以上的自然降水全方位渗入地下,能彻底解决定点灌溉给水率低、润湿土体积小的问题,从而降低土壤内的含盐量,使行道路上的花草树木的生理生化作用也得到加强。另外,城市降尘绝大部分来源于裸露在地面的尘土及大气尘埃,这些降尘又大多浮于路表面。由于透水砖的空隙和透水性,部分降尘可随之渗入地下,使道路扬尘明显减少,对净化大气起到了积极作用。瓷质生态透水砖的研制成功,为我国城市建设在住宅、道路、广场、公园、植物园、工厂区域、停车场、花房及轻量交通路面等铺设方面,提供了更加完美的选择。

4. 植草砖

各个厂家都有不同的植草砖品种,类型有联锁型、菱形、井字形、方形、扇形等多种形式,图3-13是由舒布洛克生产的独特的联锁设计植草砖,使其在高达50%孔率时的承载能力也异常优越,较大的开孔率为植被生长提供了充分的培养土和水分,使草质的在较差环境（车轮频繁碾轧）下也能茂密生长。块间充分联锁使其具有良好的力学性能,适于各种荷载场所。

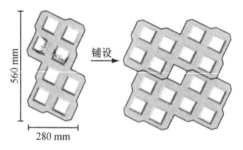

图3-13 植草砖

承载面平整一致,植草孔大小适宜,分布均匀,是真正实现"植被"的高性能植草铺地系统。

5. 路沿砖

路沿砖作为景观铺地工程中的一个重要部分,主要起限定、保护的作用。一般有两个面,这里介绍的三向路沿石是一种多用途、多功能沿石,它通过坡度,高度和倒角在一块小型路沿石三个方向上的不同体现,分别适用于允许车辆翻越,禁止翻越和单向过渡等各场所,配合转角块可形成各种角度,有多种色彩可选择,如图3-14所示。

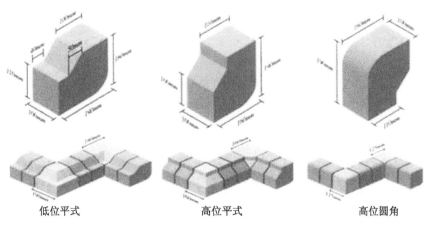

| 低位平式 | 高位平式 | 高位圆角 |

图 3-14　路沿砖

二、装饰贴面砖

装饰贴面砖主要用于墙体和一些景观构筑小品的贴面装饰工程，比一般的砖都要薄，在面层上，更突出装饰机理效果，表 3-3 为大连太平洋砖制品有限公司生产的薄型饰面砖。

表 3-3　薄型饰面砖

名称:薄片角砖
尺寸:(215×102.5×60×12)mm
颜色:红

名称:薄片角砖
尺寸:(215×102.5×60×12)mm
颜色:棕

名称:薄片角砖
尺寸:(215×102.5×60×12)mm
颜色:粉色

名称:薄片角砖
尺寸:(215×102.5×60×12)mm
颜色:灰

名称:仿古薄片
尺寸:(230×75×15)mm
颜色:象牙

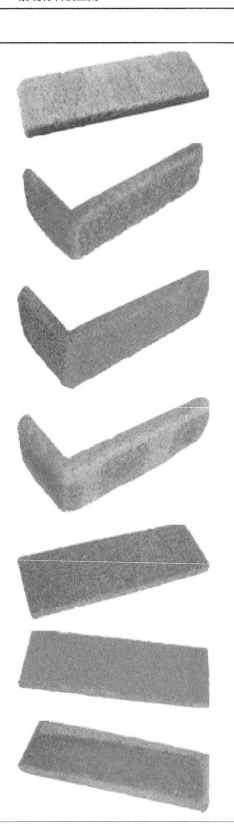

名称:仿古薄片
尺寸:(230×75×15)mm
颜色:灰白

名称:仿古薄片角砖
尺寸:(230×110×75×15)mm
颜色:粉

名称:仿古薄片
尺寸:(230×110×75×15)mm
颜色:灰

名称:仿古薄片
尺寸:(230×110×75×15)mm
颜色:象牙

名称:毛面薄片
尺寸:(230×75×15)mm
颜色:粉

名称:毛面薄片
尺寸:(230×75×15)mm
颜色:灰白

名称:毛面薄片
尺寸:(230×75×15)mm
颜色:象牙阴影

名称:毛面薄片
尺寸:(230×75×15)mm
颜色:灰阴影

名称:毛面薄片砖
尺寸:(215×60×12)mm
颜色:灰阴影

名称:毛面薄片砖
尺寸:(215×60×12)mm
颜色:粉

名称:毛面薄片砖
尺寸:(215×60×12)mm
颜色:灰

名称:毛面薄片砖
尺寸:(215×60×12)mm
颜色:棕木纹

名称:毛面薄片砖
尺寸:(215×60×12)mm
颜色:粉木纹

名称:毛面薄片砖
尺寸:(215×60×12)mm
颜色:象牙木纹

名称:岩纹薄片
尺寸:(215×60×12)mm
颜色:红

名称:岩纹薄片
尺寸:(215×60×12)mm
颜色:棕

名称:岩纹薄片
尺寸:(215×60×12)mm
颜色:粉

名称:岩纹薄片
尺寸:(215×60×12)mm
颜色:灰

名称:岩纹角砖
尺寸:(215×102.5×60×15)mm
颜色:红

名称:岩纹角砖
尺寸:(215×102.5×60×15)mm
颜色:棕

名称:岩纹角砖
尺寸:(215×102.5×60×15)mm
颜色:象牙

名称:岩纹角砖
尺寸:(215×102.5×60×15)mm
颜色:灰

三、挡土墙生态护坡工程

砖材除了可用作铺地、装饰用材以外,还能用于结构中,在建筑工程中,主要用于墙体结构,在景观设计中常用于挡土墙、驳岸等结构部分。

这里介绍的用于挡土墙和生态护坡工程的砖材,主要是美国舒布洛克公司的产品。挡土墙一般分为重力式、悬臂式、拱柱式和扶壁式4种。干垒挡土墙是近年来在欧、美和澳大利亚等迅速发展起来,并被广泛应用的新型柔性结构重力式挡土墙(见图 3-15),因其独特的设计、丰富的装饰效果、便捷的施工和良好的结构性能,在现代挡土工程中起到越来越重要的作用。砌块配筋的砌体挡土墙是刚性结构挡土墙,性能与钢筋混

图 3-15　钻石干垒挡土块(一)

凝土挡土墙相当,但施工更简便,装饰性更强,造价更经济,是一种环保、经济实用的挡土结构体系。

1. 钻石系列干垒挡土墙

干垒挡土块起源于 20 世纪 60 年代,现代混凝土干垒块在沿用和发展了联锁设计的同时,进一步丰富了它自然美观的装饰效果,1984 年开始在美国、澳大利亚等大量使用。1996 年,美国舒布洛布公司将澳大利亚 Anchor 公司的"钻石系列干垒挡土墙"(Anchor Diamond,见图 3-16)引进到中国,开始生产和推广其应

图 3-16 钻石干垒挡土块(二)

用技术。干垒挡土墙是环保型建筑材料。原材料取自于大自然大量存在的石子、砂子以及水泥等,无须使用黏土、树木等稀缺资源和昂贵的钢材,更无须使用化学防腐剂如酚类、醛类等,不含对人体有害的砷、镭等放射性物质。各种色彩自然美观的混凝土劈裂的面本身具有良好的装饰效果,无须粉刷、涂装等后期维护,进一步避免了使用中的环境污染可能。

2. 嵌锁式干垒挡土墙

采用独特连接方式的嵌锁式干垒挡土墙系统,使重力式干垒挡土墙的性能达到了一个新的高度。由塑料压杆和嵌锁式干垒挡土块所组成的嵌锁结构极大地加强了接网片与墙体之间的连接,偏斜式键槽和键锁在导引块体准确安装错台就位的同时,也起到了块体自稳定的作用,墙体抗倾覆、拉接网片抗拉拔、抗滑移、抗剪切、抗震和抗附加荷载能力更强。近似直立式的混凝土劈裂面墙体形成了人造古朴自然、峻峭雄伟的独特风格,如图 3-17、图 3-18 所示。

标准嵌锁式挡土块　　　　半高嵌锁式挡土块

嵌锁式挡土墙基础块　　　　嵌锁式挡土墙压顶块

图 3-17 嵌锁式干垒挡土块(一)　　　　图 3-18 嵌锁式干垒挡土块(二)

3. 联锁式护土砖水土保持系统

联锁式护土砖水土保持系统是一种可人工安装,适合于中小水流情况下,防止土壤被水浸蚀控制的联锁型预制混凝土土块铺面系统。采用独特联锁设计的联锁式护土砖,每块与周围6块产生超强联锁,铺面在水流作用下具有良好的整体稳定性,高开孔率的渗水型柔性结构铺面能够降低流速、减小流体压力和提高排水能力,如图3-19所示。联锁式护土砖铺设在铺有滤水土工布的基面上,随着植被在砖孔和砖缝中生长,铺面的耐久性和稳定性将进一步提高,开孔部分一方面起到渗水、排水的作用;另一方面起到增加植被、美化环境的作用。

图 3-19　联锁护土砖

第三节　砖在施工中的应用

一、砖的图案与色彩设计

砖类材料种类众多,不同厂家都有不同的色彩系列可供选择,在色彩和图案搭配上也有一些可供参考的设计方案。图3-20~图3-23是由建菱集团提供的砖材铺砌方案。

——JLE00
——JL050
——JLE/0
——JLE/10

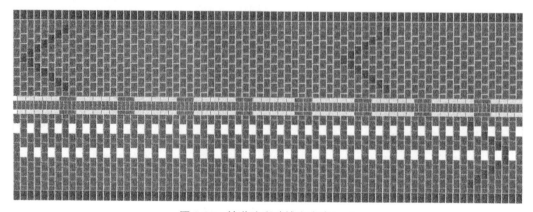

图 3-20　某道路彩砖铺砌方案(一)

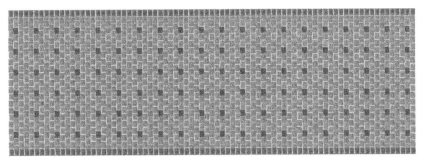

图 3-21　某道路彩砖铺砌方案（二）

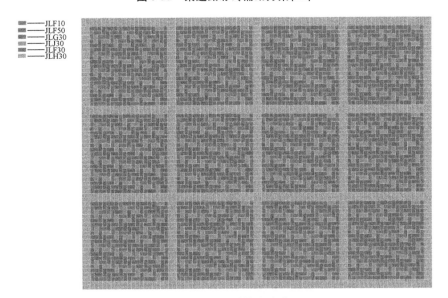

图 3-22　某广场彩砖铺砌方案（三）

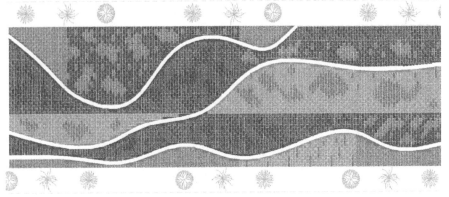

图 3-23　某道路彩砖铺砌方案（四）

在选择砖作为景观应用材料时,应注意图案与色彩的搭配关系,在铺装应用中,砖常用在人行道、小区步行道、公园以及学校等附属绿地的铺砌,在做墙体饰面时,选用砖的色彩不应太多,图案应以简洁、大方为主,在大面积铺装时,应注意图案的搭配,以免太过于单调、乏味。

二、砖的施工应用

砖在施工过程中,基层与结合层做法都与石材相似,但厚度上有所差别。通常把地面分成软地面、柔性地面、硬地面,这都与地面底基层的坚硬程度有关。软地面一般指草地、砂地面、粗砾地面、砾石地面材料,柔性地面是指卵石地面、花岗岩块石、砖和砌块铺面材料,硬地面是指现浇混凝土地面、陶瓷面砖和水磨石铺面材料,这种划分都不是绝对的,还要根据景观的具体环境来确定。图 3-24、图 3-25 是砖材的平面图和剖面图。

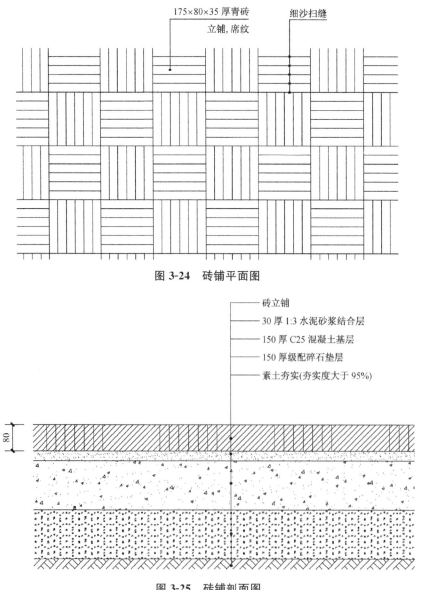

图 3-24   砖铺平面图

图 3-25   砖铺剖面图

三、砖与石材的结合应用

在设计中,经常会采用砖与石材结合来营造景观氛围(见图 3-26),在这个铺地设计中,采用光面黑色花岗岩、浅褐色火烧面花岗岩与浅灰色、米黄色和深灰色高压混凝土砖结合,色彩与材质质感的对比使设计更加细腻。图 3-27 和图 3-28 是砖与石材结合应用的实例。

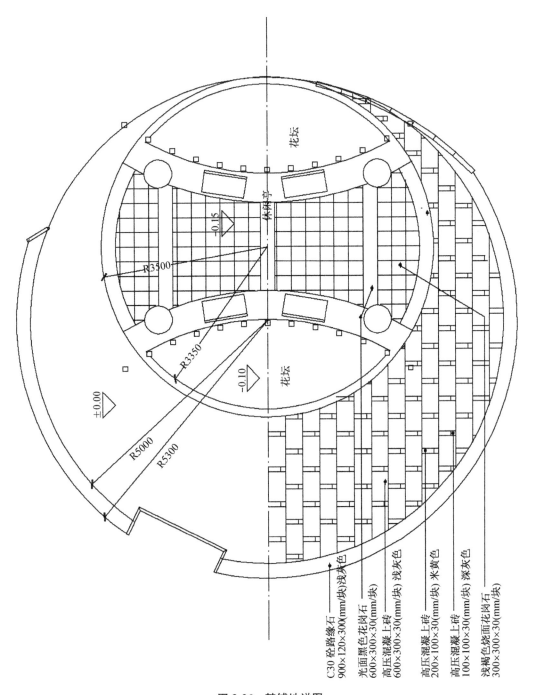

图 3-26　某铺地详图

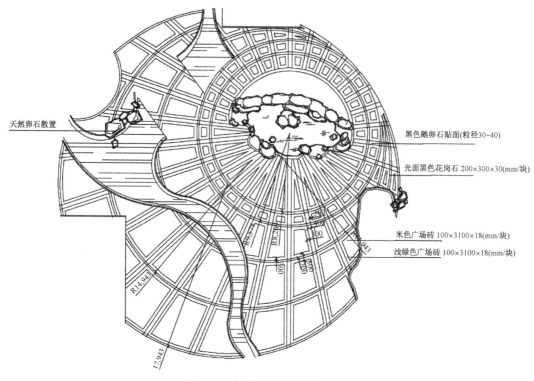

天然卵石散置

黑色鹅卵石贴面(粒径30-40)

光面黑色花岗石 200×300×30(mm/块)

米色广场砖 100×3100×18(mm/块)

浅绿色广场砖 100×3100×18(mm/块)

图 3-27　某瀑布跌水铺地平面图

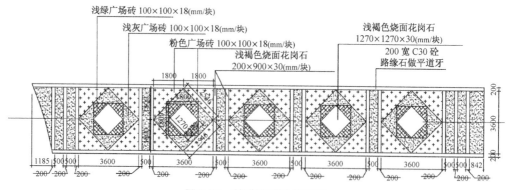

浅绿广场砖 100×100×18(mm/块)

浅灰广场砖 100×100×18(mm/块)

粉色广场砖 100×100×18(mm/块)

浅褐色烧面花岗石
200×900×30(mm/块)

浅褐色烧面花岗石
1270×1270×30(mm/块)

200 宽 C30 砼
路缘石做平道牙

图 3-28　某道路铺地平面图

四、道牙

道牙可分为平道牙和立道牙。图 3-29 是平道牙常用做法详图,图 3-30 是立道牙常用做法详图。

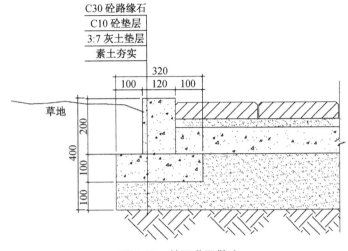

图3-29 某平道牙做法

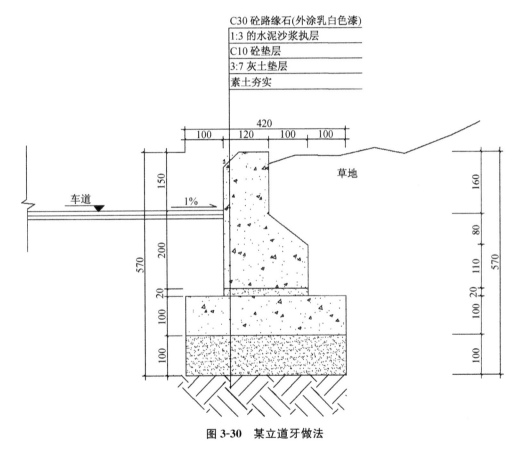

图3-30 某立道牙做法

第四节 砖的应用实例及总结

一、砖应用实例

砖在设计中应用较多,在公园、广场、小区和校园等景观环境中都可看到设计实例,图

3-31 是某别墅小区的道路铺装。

图 3-31　某道路铺装

二、砖材应用总结

自人类文明开始以来,砖就是唯一经得起时间考验的人造建筑材料。砖不仅具有美丽的外表,还具有出众的物理性质,如高压承重力、耐用性,能抗热,经得起长期气候的侵蚀,及有很好的绝热及隔音性能等。在现代景观设计中,砖以其良好的性能,得到极其广泛的应用。随着科技的发展,砖越来越朝着生态、环保、轻质方向发展,为其应用提供了更为广阔的发展空间。

砖材可用于广场、马路两侧人行道、庭院、台阶、室内外及机场停车坪的地面装饰铺设。除了标准砖的尺寸外,在景观设计应用中,色泽、规格都可按设计要求制作。这样为设计师提供了极大的设计方便性。

砖材在应用的过程中,需要注意色彩和图案设计,色彩不能过于复杂,图案设计应以简洁、明快为主。砖与石材在应用领域有很大的相似性,因而,在选择时要注意两者的差异。两者相比,在价格上,砖更加经济实惠;在色彩上,砖的色彩也更加丰富;在机理上,砖偏向于朴质、古典,石材的纹理更细致,更倾向于高贵、典雅。总而言之,在具体的景观场所,应根据具体的条件选择合适的材料。

学习小结

本章主要了解砖材特性和类型,常见砖的品种,对于常见砖的尺寸要求有一定的了解,掌握砖在设计中适宜应用的场所特点,了解砖在施工中需要注意的问题。

思考题

(1) 什么是烧结砖? 什么是黏土砖?

(2) 砖的分类方式包括哪些?

(3) 常用的铺地砖有哪些类型? 试各举 2 例,并指出常用尺寸。

(4) 试说出 3 种植草砖的形式。

(5) 砖施工中,垫层一般如何处理? 请画出剖面图。

第四章　木材应用与景观设计

本章概述:本章主要介绍木材的种类及特性,木材在设计和施工中的应用。木材根据其自身材质特点,可分为硬木和软木。木材在景观中的应用比较重要的一个方面是木材的处理方式,常见的有防腐和碳化两种方式,处理方式的差异会导致木材外观色泽的差异。

木材应用于建筑,历史悠久,而我国建筑的历史更是与木材有着紧密的联系。通过中国建筑史可以发现,我国在木材建筑技术和木材装饰艺术上都有很高的水平和独特的风格,如世界闻名的天坛祈年殿就完全由木材构造,而山西佛光寺正殿保存至今已达千年之久,它也是由木材建造的。过去木材是重要的结构用材,而现在更多的应用于景观与室内装饰和装修。木材是人类生活中必不可少的材料,具备质量轻、强度高、容易加工的优点。某些树种纹理美观,具有很好的装饰效果。与景观其他主材相比,木材也存在着自身缺陷,如容易变形、易腐、易燃,质地不均匀和各方向强度不一致,并且常有其他天然缺陷等。只有正确认识木材,才能正确地使用木材。

第一节　木材的类型及特点

我国是一个木材生产大国,东北的大小兴安岭和长白山,是我国最大的天然林区,西南横断山区是我国第二大天然林区,东南部的台湾、福建、江西等省山区,以人工林、次生林为主。

一、木材的分类

1. 按树种分类

(1) 叶树。树叶细长如针,多为常绿树,材质一般较软,有的含树脂,又称为软木(softwood),如:红松、落叶松、云杉、冷杉、杉木、柏木等,都属此类,常用于建筑工程、木制包装、桥梁、家具、造船、电杆、坑木、枕木、桩木、机械模型等。

(2) 阔叶树。树叶宽大,叶脉成网状,大部分为落叶树,材质较坚硬,称为硬木(hardwood)。如樟木、水曲柳、青冈、柚木、山毛榉、色木等,都属此类。也有少数质地稍软的,如桦木、椴木、山杨、青杨等,都属此类,硬木通常价格较高,但品质相对比软木优良。它的颜色与纹理变化多,在景观中应用较多,还可用于坑木及胶合板等。

2. 按材质分类

在木材商品流通过程中,木材要按材质进行分类。所有的木材产品按用途分类,可以分为原条、原木、锯材和各种人造板四大类。

(1) 原条。这是指树木伐倒后经去皮、削枝、割掉梢尖处理,但尚未按一定尺寸规格造材的木料,它可以用于桅杆、电线杆等。

(2) 原木。这是指树木伐倒后已经削枝、割梢并按一定尺寸加工成规定径级和长度的木料,一般分为一、二、三等材。直接使用的原木可用于建筑工程(如屋梁、檩、椽等)、桩木、电杆、坑木等,加工原木可用于胶合板、造船、车辆、机械模型及一般加工用材。

（3）锯材。这是指已经锯解成材的木料,凡宽度为厚度 2 倍以上的称为板材,不足 2 倍的称为方材,如图 4-1 所示。锯材可分为特等锯材和普通锯材,其中普通锯材又分为一、二、三等材。

图 4-1 方材与板材

（4）木质人造板。这是经过木材机械加工的人造板,如胶合板、纤维板、刨花板等。广泛应用于建筑工程、桥梁、木制包装、家具、装饰等。

（5）枕木。这是一种特殊类型木材,是指按枕木断面和长度加工而成的成材,应用于铁道工程。

二、木材的特性

1. 木材的构造

木材的构造是决定木材性能的重要因素。树种不同,生长的环境不同,其构造特性也相差很大。研究木材的构造通常从宏观和微观两个层次进行。木材的宏观构造是指用肉眼或借助放大镜能观察到的构造特征。由于木材在各个方向上的构造是不一致的,因此要了解木材构造必须从横切面、径切面、弦切面来了解其构造。横切面指与树干主轴(或木纹)相垂直的切面,在这个面上可观察到若干以髓心为中心呈同心圈的年轮(生长轮)以及木髓线;径切面指通过树轴的纵切面,年轮在这个面上是互相平行的带状;弦切面指平行于树轴的切面,年轮在这个面上形成"V"字形。

树木主要由树皮、髓心和木质部三部分组成。树皮覆盖在木质部的外表面,起保护树木的作用,建筑上用途不大。厚的树皮有内外两层,外层即为外皮(粗皮),内层为韧皮,紧靠着木质部。

木质部是髓心和树皮之间的部分,是工程上使用的主要部分。靠近树皮的部分,色泽较浅,水分较多,称为边材。靠近髓心的部分,色泽较深、水分较少,称为心材。心材的材质较硬,密度较大,渗透性较低,耐久性、耐腐性均较边材高。在横切面上所显示的深浅相间的同心圈称为年轮,一般树木每年生长一圈。

在同一年轮内,春天生长的木质,色较浅,质松软,强度低,称为春材(或早材),夏秋两季生长的木质,色较深,质坚硬,强度高,称为夏材(或晚材)。相同树种,年轮越密而均匀,材质越好;夏材部分愈多,木材强度愈高。常用横切面上,沿半径方向,一定长度中,所含夏材宽度总和的百分率,即夏材率,可用来衡量木材质量。

在木材横切面上,有很多径向的,从髓心向树皮呈辐射状的细线条,或断或续地穿过数个年轮,称为髓线,是木材中较脆弱的部位,干燥时常沿髓线发生裂纹。阔叶树的髓线较发达。

木材的微观构造是指在显微镜下所见到的木材组织。木材是由无数管状细胞紧密结合而成,绝大部分纵向排列,少数横向排列(髓线)。每一个细胞都由细胞壁和细胞腔两部分构成,细胞壁由细纤维组成,其纵向联结较横向牢固。细纤维间具有极小的空隙,能吸附和渗透水分。木材的细胞壁愈厚,腔愈小,木材愈密实,表观密度和强度也越大。但其胀缩变形也大。与春材比较,夏材的细胞壁较厚,腔较小。

2. 木材的性质

木材按受力状态分为抗拉、抗压、抗弯和抗剪四种强度。我国木材的强度是以含水率为15%时木材的实测强度作为木材的强度。质地不均匀、各方面强度不一致是木材的重要特点,也是其缺点。木材沿树干方向,习惯称为顺纹的强度较垂直树干的横向或横纹大得多。各方面强度的大小,可以从管形细胞的构造、排列方面找到原因。木纤维纵向联结最强,所以顺纹抗拉强度最高。木材顺纹受压,每个细胞都好像一根管柱,压力大到一定程度细胞壁向内翘曲然后破坏,顺纹抗压强度比顺纹抗拉强度小。横纹受压,管形细胞容易被压扁,所以强度仅为顺纹抗压强度的1/8左右,弯曲强度介于抗拉、抗压之间。

木材顺纹抗拉强度最高,是指用标准试件作拉力试验得出数值,实际上,木材常有木节、斜纹、裂缝等"疵病",所以抗拉强度将降低很多,强度值不稳定,一般木材多用作柱、斜撑、屋架上弦等顺纹受压构件,疵病对顺纹抗压强度影响不是很大,强度值也较稳定。

木材的另一特性是含水量大小值直接影响到木材强度和体积,木材的含水量是指木材所含水分的重量与木材干重之比,也称为含水率,取一块木材称一下重量,假定是 4.16 kg,把它烘干到绝对干燥状态,再称重量是 3.4 kg,则此木材的干重为 3.4 kg,所含水分的重量为 4.16－3.4＝0.76 kg。这块木材的含水率为:

含水率(W %)＝(含水木材的重量－干木材的重量)/(干木材的重量)×100%＝0.76/3.4×100%＝22.3%

新伐木材,细胞间隙充满水,100%含有水分,在场地堆放时,细胞腔里的水分先蒸发出去,此时木材总重量减轻,但体积和强度都没有什么变化。到一定时候,细胞腔的水都蒸发完毕,可细胞壁里还充满水,此种情况叫"纤维饱和"。这时含水率约为 30%,为方便起见,就规定含水率 30%为"纤维的饱和点"。含在细胞壁的水继续蒸发,引起细胞壁变化,这时,木材不但重量减轻,体积也开始收缩,强度开始增加。

木材强度随含水率变化是因为细胞壁纤维间的胶体是"亲水"的原因。水分蒸发后,胶体塑性减小,胶结力增加,可以和纤维共同抵抗外力的作用,含水量变化对顺纹抗拉强度影响较小,对顺纹抗压强度和弯曲强度影响较大。例如松木在纤维饱和点顺纹抗压强度约为 3000 N/cm²。

木材因含水量减少引起体积收缩的现象叫做干缩,干缩也叫做"各向异性"。例如从纤维饱和点降到含水率0%时,顺纹干缩甚小,为 0.1%～0.3%,横纹径向干缩为 3.66%,弦向干缩最大竟达 9.63%,体积干缩为 13.8%,所以当木材纹理不直不匀,表面和内部水分蒸发速度不一致,各部分干缩程度不同时,就出现弯、扭等不规则变形,干缩不匀就会出现裂缝。

木材强度变化和干缩,为使用木材带来诸多不便,一般不可能消除这种客观存在的不利变化,但若能认识掌握其变化规律,就能控制它的变化。木材水分可以被蒸发到空气中,空气中水分也会被吸进来,后一种现象称为"吸湿",吸湿为木材之特性,主要是木材含水率达到相对饱和点,其含水率过高或过低都会给木材基本物理性能带来不利因素。

纤维素、半纤维素、木质素是木材细胞壁的主要组成,其中纤维素占 50% 左右。此外,还有少量的油脂、树脂、果胶质、蛋白质、无机物等。由此可见,木材的组成主要是一些天然高分子化合物。木材的化学性质复杂多变,在常温下木材对稀的盐溶液、稀酸、弱碱有一定的抵抗能力,但随着温度升高,木材的抵抗能力显著降低。而强氧化性的酸、强碱在常温下也会使木材发生变色、湿胀、水解、氧化、酯化、降解交联等反应。在高温下即使是中性水也会使木材发生水解等反应。木材的上述化学性质是木材某些处理、改性以及综合利用的工艺基础。

3. 木材缺陷对材质的影响

(1) 节子。包含在树干或主枝木材中产枝条部分称为节子。活节是由树木的活枝条所形成,节子与周围木材紧密连生,质地坚硬,构造正常。死节是由树木的枯死枝条所形成,节子与周围木材的大部分或全部脱离,质地坚硬或松软,在板材中有时会脱落会形成空洞。健全节是节子材质完好,也无腐朽迹象。腐朽节是节子本身已腐朽,但并未透入树干内部,节子周围材质依然完好。漏节是不但节子本身已经腐朽,而且深入树干内部,引起木材内部腐朽。

圆形节是节子断面呈圆形或椭圆形,多表现在原材的表面和锯材的弦切面上。条状节是在锯材的径面上呈长条状,节子纵截面的长径与短径或长度之比大于或等于3,多由散生节纵割而成。掌状节是呈现在锯材的径切面上,成两相对称排列的长条状,多由轮生节纵割而成。

散生节是指节子在树干上成单个地散生,这种最常见。轮生节是指节子围绕树干成轮状排列,在短距离内数目较多,常见于松、云杉等属的树种。群生节是两个或两个以上的节子簇生在一起,在短距离内节子数目较多。岔节是因分岔的稍头与主干纵轴线成锐角而形成。在圆材上呈极长的圆形,在锯材和单板,也呈椭圆形或长带状。

节子破坏木材构造的均匀性和完整性,不仅影响木材表面的美观和加工性质,更重要的是降低木材的某些强度,不利于木材的有效利用。特别是承重结构所用木材,与节子尺寸的大小和数量有密切关系。节子影响利用的程度,主要是根据节子的材质、分布位置、尺寸大小、密集程度和木材的用途而定。节子对顺纹抗拉强度的影响最大,其次是抗弯强度,特别是位于构件边缘的节子最明显;对顺纹抗压强度影响较小;与此相反,节子能提高横纹抗压和顺纹强度。

(2) 变色。凡木材正常颜色发生改变的,即叫做变色,有化学变色和真菌性变色两种。化学变色是伐倒木由于化学和生物化学的反应过程而引起红棕色、褐色或橙黄色等不正常的变色,都是化学变色,其颜色一般都比较均匀,且分布仅限于表层(深达 $1 \sim 5$ mm),经过干燥后,逐渐褪色变淡,但也有经水运的针叶材边材部分,由于快速干燥后产生黄斑的现象。化学变色对木材物理、力学性质没有影响,严重时仅损害装饰材的外观。

真菌性变色是边材表面由真菌的菌丝体和孢子体浸染所形成。其颜色随孢子和菌丝颜色以及所分泌的色素而异,有蓝、绿、黑、紫、红等不同颜色。通常呈分散的斑点状或密集的薄层。真菌只限于木材表面,干燥后易于清除,但有时在木材表面会残留污斑,因而损害木材外观,但不改变木材的强度性质。变色菌变色是伐倒木边材在变色菌作用下所形成。最常见的是青变或者叫青皮。其次是其他边材色斑,有橙黄色、粉红色或浅紫色、棕褐色等。这种缺陷主要是由于干燥或缺乏保管措施所引起。变色菌的变色,一般不影响木材的物理力学性质。但木材发生严重青变时,其抗冲击强度稍有降低,吸水性增强,损害木材外观。

通常这种变色不会形成腐朽。腐朽菌变色是腐朽菌侵入木材初期所形成。最常见的是红斑。有的呈浅红褐色、棕褐色或紫红色;有的也呈淡黄白色或粉红褐色等。所有破坏木材的真菌,在其开始活动时,都将引起木材的变色。腐朽初期变色的木材仍保持原有的构造和硬度,其物理、力学性质基本没有变化,但抗冲击强度稍有降低,吸水性能略有增加,并损害外观。在不干燥或不适当的保管和使用情况下,将发展成为腐朽。

(3) 腐朽。木材由于木腐菌的侵入,逐渐改变其颜色和结构,使细胞壁受到破坏,物理、力学性质随之发生变化,最后变得松软易碎,呈筛孔状或粉末状等形态,这种状态即称为腐朽。

白腐指的是白色腐朽,主要由白腐菌破坏木素,同时也破坏纤维素所形成。受害的木材多呈白色、淡黄白色、浅红褐色、暗褐色等,具有大量浅色或白色斑点,并显露出纤维状结构,其外观多似蜂窝,状如筛孔,也叫筛孔状腐朽或叫腐蚀性腐朽。白腐后期,材质松软,容易剥落。

褐腐指的是褐色腐朽,主要由褐腐菌破坏纤维素所形成。外观呈红褐色棕褐色,质脆,中间有纵横交错的块状裂隙。褐腐后期,受害木材很容易捻成粉末,所以称为粉末状腐朽,或叫破坏性腐朽。

边材腐朽也称外部腐朽,是树木伐倒后,木腐菌自边材外表侵入所形成。因为边腐产生在树干周围的边材部分,所以又称外部腐朽。通常枯立木、倒木容易引起边腐。木材保管不善是导致边材腐朽的主要原因。如遇合适条件,边腐会继续发展。

心材腐朽也称内部腐朽,是木材受木腐菌侵害所形成的心材(或熟材)部分的腐朽。因在树干内部,故又称内部腐朽。多数心材腐朽在树木伐倒后,不会继续发展。心材腐朽呈空心状,空心周围材质坚硬者,称为"铁眼"。

根部腐朽,简称根腐。通常由木腐菌自根部的外伤侵入树干心材而形成。腐朽沿树干上升,越往上越小似楔形。

干部腐朽,简称干腐。通常由木腐菌自树枝折断处或树干外伤侵入树干心材所致。腐朽一般向上、下蔓延,状似雪茄形。

腐朽严重影响木材的物理、力学性质。使木材重量减轻,吸水量大,强度降低,特别是硬度降低较明显。通常褐腐对强度的影响最为显著,褐腐后期,强度基本上接近于0,白腐有时还能保持木材一定的完整性。一般完全丧失强度的腐朽材,其使用价值也就随之消失。

(4) 虫害。因各种昆虫害而造成的缺陷称为木材虫害。虫眼(虫孔)是各种昆虫所蛀的孔道,叫做虫孔或称虫眼。表面虫眼和虫沟是指昆虫蛀蚀圆材的径向深度不足 10 mm 的虫眼和虫沟。小虫眼是指虫孔最小直径不足 3 mm 的虫眼。大虫眼是指虫孔最小直径在 3 mm以上的虫眼。

表面虫害和虫沟常可随树皮一起锯除,所以对木材的利用基本上没有什么影响,分散的小虫眼影响也不大,但深度在 10mm 以上的大虫眼和深而密集的小虫眼,能破坏木材的完整性,并降低其力学性质,而且虫眼也是引起边材变色和腐朽的重要通道。

三、木材的处理方式

有些木材天然具有防腐的效果,但大部分木材用于室外景观设计中,都需要进行处理,常见的处理方式有两种,一种是防腐处理,称为防腐木;另一种是碳化处理,称为碳化木。这两种处理方式各有利弊,下面分别介绍。

1. 防腐木

（1）防腐木的特点：防腐木是防腐木材的简称。因其具有明显的优点，近几年也越来越受到国内建筑和景观设计师的青睐。防腐木的优点主要有：自然、环保、安全（木材成原本色，略显青绿色）；防腐、防霉、防蛀、防白蚁侵袭；提高木材稳定性，对户外木制结构的保护更为主要；易于涂料及着色，根据设计要求，能达到美轮美奂的效果；能满足各种设计要求，易于各种的景观构筑物的制作；接触潮湿土壤或亲水效果尤为显著，满足户外各种气候环境中使用30年以上，如图4-2所示。

图 4-2　防腐木

（2）防腐木的防腐处理：在目前户外防腐木材来源中，有美国，也有芬兰、瑞典等北欧国家，当然也有国内土生土长的树木。无论是哪种木材一般都需经过开料、砂光、四面刨，然后喷蒸干燥处理这些处理过程。为了延长木材制品在户外环境中的使用寿命，需要把木材在真空状态下，浸注于防腐剂中，通过高压使得药剂浸入木材内部，药剂进入木材组织细胞内，紧密地与其细胞纤维组织混合，这样一来避免了木材在户外环境中的不足，从而使得侵蚀物没有生存来源，自然比较耐磨、耐用。对于要接触水、湿气和土壤的木头来说，面对恶劣的外部环境，普通木材无法抵抗，极易腐烂。

防腐木常见的工艺流程是：［木材精加工］→［装入真空压力罐］→［进行封闭］→［抽真空］→［注入防腐剂稀释液］→［升压］→［保压（设定时间）］→［排液］→［后真空］→［出灌］→［后烘干］→［检验合格］。

防腐处理中有几个步骤是比较重要的，真空或高压浸渍是防腐处理的关键步骤，首先实现了将防腐剂打入木材内部的物理过程，同时完成了部分防腐剂有效成分与木材中淀粉、纤维素及糖份的化学反应过程。破坏了造成木材腐烂的细菌及虫类的生存环境。在高温下继续使防腐剂尽量均匀渗透到木材内部，并继续完成防腐剂有效成分与木材中淀粉、纤维素及糖份的化学反应过程。进一步破坏造成木材腐烂的细菌及虫类的生存环境。自然风干要求在木材的实际使用过程中进行风干，这个过程是为了适应户外专用木材由于环境变化产生所造成的木材细胞结构的变化，使其在渐变的过程中最大程度地充分固定，从而避免在使用过程中的变化。浸渍木含水率较高，在使用之前必须放置风干一段时间，储存中仓库保持通风,以方便木材的干燥,对浸渍木材的任何再加工,必须等到其出厂后72 h以上。在加工与安装过程中,尽可能使用现有尺寸的浸渍木,建议用热镀锌的钉子或螺丝做连接及安装,在连接时应预先钻孔,这样可以避免开裂,胶水也应该是防水的。

（3）防腐木常用规格:表4-1为防腐木常用的规格及应用范围。

表4-1　普型板角度允许极限公差(mm)

序号	规格	应用范围
1	15 mm×70 mm×4 m	装饰板、墙板、阳台围栏
2	18 mm×95 mm×4 m	装饰板、墙板、阳台围栏
3	21 mm×95 mm×4 m	地板、阳台围栏
4	21 mm×120 mm×4 m	地板、阳台围栏
5	28 mm×50 mm×4 m	龙骨
6	28 mm×95 mm×4 m	地板、凳面等
7	28 mm×120 mm×4 m	地板、凳面等
8	38 mm×95 mm×4 m	地板面(泳池、长堤)地龙骨
9	38 mm×140 mm×4 m	地板面(泳池、长堤)花架横梁、地龙骨
10	40 mm×60 mm×4 m	龙骨、凳面
11	45 mm×45 mm×4 m	龙骨
12	45 mm×95 mm×4 m	公共木地铺、栈道、亲水码头、龙骨
13	45 mm×120 mm×4 m	公共木地铺、栈道、亲水码头、横梁
14	45 mm×145 mm×4 m	公共木地铺、栈道、亲水码头、横梁
15	70 mm×70 mm×4 m	花架主梁、凳脚、立柱、横档等
16	70 mm×145 mm×4 m	横梁、花架主梁
17	80 mm×80 mm×4 m	花架主梁、凳脚、立柱、横档等
18	95 mm×95 mm×4 m/3 m	花架主梁、凳脚、立柱、横档等
19	95 mm×145 mm×4 m	主梁、立柱、横档等
20	95 mm×195 mm×4 m	立柱、横档等
21	120 mm×120 mm×4 m/3 m	花架主梁、凳脚、立柱、横档等
22	150 mm×150 mm×4 m/3 m	花架主梁、凳脚、立柱、木桩等
23	200 mm×200 mm×4 m/3 m	凉亭立柱、木桩

2. 碳化木

（1）碳化木的特点。由于木材性能不稳定,其加工产品受外界因素影响,极易产生变形,降低了产品质量。针对这一现状,可运用高温对木材进行同质碳化,使木材拥有一定的防腐及抗生物侵袭的性能,还具有材质稳定、不宜变形、不易开裂的特点。

碳化木,学名叫超高温热处理木,也有一些人称为物理木。碳化木就是将木材放在高温（通常在160~240 ℃)的环境中进行一段时间的热解处理,通过降低木材组分中游离羟基的浓度,减小木材的吸湿性和内应力,从而达到增加木材的尺寸稳定性的目的。同时木材组分在碳化热处理过程中发生了复杂的化学反应,改变了木材的某些成分,减少了木材腐朽菌的营养物质,从食物链这一环节上抑制菌类在木材中的生长,因此,碳化热处理的木材的耐腐性能得到了提高。这种改性处理是纯物理技术,与其他化学改性方法相比,碳化生产过程中污染问题少、处理工艺较简单,且使用过程中不会因化学药剂的流失、挥发而降低防腐效果,也不会对人体或操作者造成伤害。

碳化后的木材防潮性增强,尺寸稳定性提高,耐腐和耐候性能显著提高,环保、安全,颜色内外一致,润湿性降低,力学性能有所变化,碳化木保存不需要特殊的仓库,也不需对碳化木仓库控温控湿。

（2）碳化木的分类。根据碳化方式的不同,碳化木又分为表面碳化和深度碳化,如图4-3、图4-4所示。表面碳化木是在不含任何化学剂条件下,通过局部高温对木材进行碳化处理,使木材表面形成一层很薄的碳化层,该碳化层能增强木材的防腐及抗生物侵袭的作用,其含水率低、不易吸水、材质稳定、不变形、完全脱脂不溢脂、隔热性能好、施工简单、涂刷方便、无特殊气味,表面具有深棕色的美观效果,是理想的室内及桑拿浴室材料,成为卫浴装饰新的流行选材,其防腐烂、抗虫蛀、抗变形开裂、耐高温的性能也使其成为户外泳池景观的理想材料。

图 4-3　表面碳化木

图 4-4　深度碳化木

深度碳化是经过 200 ℃ 左右的高温碳化技术处理的木材,由于其营养成分受破坏,所以具有较好的防腐防虫功能,又由于其吸水功能组织纤维被重组,所以其物理性能更加稳定,不但延长了使用寿命,且不易变型、不易吸水,所以又是优秀的防潮木材。深度碳化木的色泽柔和,表里如一。木材碳化过程只涉及水蒸气和温度,没有添加任何化学药剂和其他外来物质,对人体、动物生存环境无任何副作用,所以又是真正的绿色环保产品。

深度碳化防腐木源自欧洲,有数十年的使用记录。著名的里昂歌剧院就在1997年采用了全碳化防腐木结构。深度碳化防腐木安全环保,是不含任何防腐剂或化学添加剂的完全环保的防腐防虫木材,具有较好的防腐防虫功能。无特殊气味,对联结件、金属件无任何副作用,适用于户内外,不易吸水,含水率低,是不开裂的木材,耐潮湿,不易变形,是优秀的防潮木材。深度碳化防腐木加工性能好,能克服产品表面起毛的弊病,经完全脱脂处理,涂布方便。深度碳化防腐木里外颜色一致,泛柔和绢丝样亮泽,纹理变得更清晰,手感温暖。

碳化木不宜用于接触土壤和水的环境,较未处理木材其握钉力有所下降,所以推荐使用先打孔再钉孔安装来减少和避免木材开裂,碳化木在室外使用时建议采用防紫外线木材涂料,以防天长日久后木材退色。碳化木的质量指标主要有木材平衡含水率比未处理木材低3%左右,干缩率小于5%,优于柚木的7%。

(3)碳化木与防腐木。从木材表面色彩来看,碳化木与防腐木比较容易区分(见图4-5),碳化木比防腐木更有光泽、更加鲜亮。

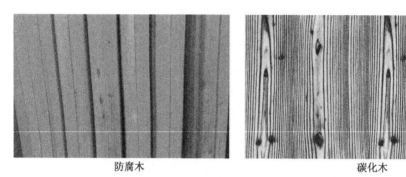

防腐木　　　　　　　　　　碳化木

图 4-5　防腐木与碳化木

碳化木与防腐木性能对比如表4-2所示。

表 4-2　碳化木与防腐木性能对比

项目	防腐木	碳化木
工作原理	做加法,加防腐剂,"毒化"木材	做减法,减去木材的营养成分和吸湿基团,阻断微生物生长基础
处理工艺	把药剂经加压压入木材	木材经200℃左右高温处理
处理用药剂	CCA或者ACQ	—
处理周期	4～6 h	32～48 h
环保安全性	次之	好
尺寸稳定性	次之	好,优于柚木好
吸湿膨胀性	次之	好,优于柚木好
防腐防虫性	好	较好,相当使用等级2～3级(欧洲标准)
抗开裂性能	户外使用易开裂	几乎不会开裂
强度	好	下降10%左右
使用限制	限制使用与人畜接触的场所	不推荐使用于承载件
颜色	黄绿色	金黄到褐色绢丝光泽
脱脂	未脱脂,冒油	全脱脂,不冒油

　　根据表 4-2 可以看出,碳化木的许多性能高于防腐木,在实际应用,可结合具体景观环境选择合适的材料,表 4-3 为景观常用木材归纳表。

表 4-3　景观常用木材表

名称	别名	树种	防腐类型	防腐处理	木材类型	树木类型	特性
樟子松	俄罗斯樟子松	樟子松	人工	国内防腐	软木	针叶	能直接采用高压渗透法做全断面防腐处理,材质细,纹理直,力学表现优秀,目前国内工程应用广泛,性价比较高
鱼鳞松		鱼鳞松	人工	国内防腐	软木	针叶	特性类似樟子松
落叶松		落叶松	人工	国内防腐	软木	针叶	特性类似樟子松,但油脂高,纹路紧,防腐药物相对较难浸入,易燃烧
辐射松	新西兰松		人工	国外防腐	软木	针叶	抗弯强度、抗冲力和抗劈力较欧洲赤松高,钉钉略有易裂的情况,但握钉力良好
纽叶松			人工	国外防腐	软木	针叶	特性类似樟子松
欧洲赤松			人工	国内防腐	软木	针叶	特性类似樟子松
加勒比松			人工	国内防腐	软木	针叶	属软木偏硬型
芬兰木	北欧赤松	赤松	人工	国内防腐	软木	针叶	是质量上乘的欧洲赤松,木质紧密、含脂量低,具有清晰细腻的外观木纹和良好的结构能力。防腐处理后,具有抗白蚁,真菌、防霉变、寄生虫的功能
南方松	南方黄松	长叶松,短叶松,湿地松,火炬松	人工	国外防腐	软木	针叶	软木之王,是软木之中最强韧的材料,结构性能好,不易受碰撞损伤且耐磨力强,握钉力强,防腐力强,品质佳,有世界顶极结构用材之称
高温碳化木	俄罗斯樟子松	樟子松	人工	国内碳化	软木	针叶	高温技术对木材进行同质碳化,深棕色外观,具有防腐,抗变形及微生物侵害的作用,材质稳定抗腐能力更强. 弱点:材质较脆,强度不高
火烧碳化木		樟子松,花旗松	人工	国内碳化	软木	针叶	较高温碳化木防腐力相当,但强度更高
木纹碳化木	俄罗斯樟子松	樟子松	人工	国内碳化	软木	针叶	木纹外表面,仿古气质,防腐
刻纹木	俄罗斯樟子松	樟子松	人工	国内碳化	软木	针叶	木纹外表面,仿古气质,具有防腐能力
铁杉	加拿大铁杉,红铁杉	铁杉	人工	国外防腐	软木	针叶	烘干处理后,外型稳定性强,不会出现收缩、膨胀、翘曲或扭曲现象,外形雅致,抗晒黑,耐磨损,握钉力和黏合性能强
SPF 铁杉	加拿大铁杉	云杉,松木,冷杉	人工	国内防腐	软木	针叶	生长缓慢,木材纤维纹理细密,木节小,烘干后具有出色的抗凹陷、抗弯曲性能,强度与铁杉相似,比大部分软木树种的强度高,且易于油漆和染色。产品的稳定性更高,而且表面加工精细

（续表）

名称	别名	树种	防腐类型	防腐处理	木材类型	树木类型	特性
SPF 铁杉	加拿大铁杉	云杉，松木，冷杉	人工	未防腐	软木	针叶	
加洲红木			天然	无需防腐	软木	针叶	天然持久防腐力,易加工,高稳定性强度好,收缩率小且质轻;耐火性质佳,隔热防寒好,抗酸碱性强,着钉力是最强的树种之一
红雪松		西部红柏,西部红杉,红柏,北美红杉	天然	无需防腐	软木	针叶	最轻质的商用软木,天然防腐且防腐等级高,尺寸稳定牢固性好不易变形,密度高且质轻,室内外均可用,且有天然香气,隔音隔热力强,是高档项目使用较广之品种
黄柏	黄桧	板材	天然	无需防腐	软木	针叶	木质纹理细腻,颜色淡雅美丽
菠萝格			天然	无需防腐	硬木	阔叶	较东南亚产菠萝格,其天然防腐力相对较弱,外部美观程度不及东南亚产的
柚木			天然	无需防腐	硬木	阔叶	心边材区别明显,边材黄褐色微红,心材浅褐色,生长年轮明显,有光泽、密度中、硬度中、干燥质量好且质稳定,极具防腐和防虫能力,是最好的天然防腐木材,但开裂现象严重
巴劳			天然	无需防腐	硬木	阔叶	木材光泽差;无特殊气味;纹理深交错;结构细且均匀;重且质地硬,强度高,耐腐性和耐磨性强
玫瑰木			天然	无需防腐	硬木	阔叶	是印度材质最硬的树种之一耐腐性强,刚度、抗剪和抗压强度、载荷冲击强度较强,略有香味且花纹漂亮
非洲硬木					硬木	阔叶	非洲硬木含较多品种,如:安哥拉紫檀,罗得西亚 柚木,花梨,鸡翅,非洲崖豆木,缅茄,木豆,铁木豆,东非黑黄檀,狄氏黄胆木,非洲紫檀等
红梅嘎			人工	国内防腐	硬木	阔叶	心材红褐色或紫红褐色,边材浅红褐色,通常心边材区别不 明显;生长轮略明显;木材具有光泽;无特殊气味;木材纹理直至略交 错;结构甸而均匀;干缩大;木材略耐腐,易感染小蠹虫及海生钻木动物危害;木材略重且坚硬,木材的强度中等
肯帕斯			人工	国内防腐	硬木	阔叶	心边材区别明显,心材橘红色至橙红色,边材黄白色,结构粗,纹理交错均匀,且具有光泽,颜色纹理密度、强度、硬度都极高,且防腐处理容易,抗开裂性极好
山樟木			人工	国内防腐	硬杂	阔叶	产于印尼、马来西亚,带有樟脑香味且能保持多年,心材为玫瑰色、橙红或红褐色,久则较深。结构细腻纹理直,材质稳定较耐腐

（续表）

名称	别名	树种	防腐类型	防腐处理	木材类型	树木类型	特性
硬黄柳	黄菠萝		人工	国内防腐	硬木	阔叶	
黄柳桉			人工	国内防腐	硬木	阔叶	易弯曲开裂,损耗较大
红柳桉			人工	国内防腐	硬木	阔叶	木材光泽弱;无特殊气味;纹理交错;结构略粗且均匀;木材略耐腐,易弯曲开裂,损耗较大
国产红柳桉			人工	国内防腐	硬木	阔叶	易弯曲开裂,损耗较大
塑木	WPC	聚烯烃塑料与纤维素（秸秆、木粉、稻糠等）	人工		复合		优点:不褪色,不变形,拒虫害,耐腐蚀,强度高,防火性能好,无龟裂,无需维护,环保无污染,可100%回收利用.颜色的选择灵活多边.缺点:缺乏天然木材的自然亲切感,有待加工工艺的完善

第二节　木材在设计中的应用

　　木材作为一种自然的景观材料,它可以增强庭园的天然感和形式美,而且可以随着时间的推移而产生微妙的自然变化。木材质地比钢铁、混凝土松软,色彩调和,过一段时间,就会有藻类、地衣、苔藓附着在上面,并产生绿锈,从而与其木料自身的颜色融合在一起,形成丰富的色彩。所以,在景观设计中,木材是一种很好的景观材料。

一、小品应用

　　木材具有良好的加工性能与造型性能,可以制作成各种景观小品。木质景观小品以其凸显的自然、朴实、生态、健康和高品位的特性,在公共绿地、庭院以及花园式的小区得到广泛的应用,已成为城市活动环境的生活时尚。图4-6所示为景观木桥。

图4-6　景观木桥

木制景观构筑物,像凉亭、拱门、小桥等,都是景观的重要构景物,对于丰富景观,加深庭园层次、烘托主景和点题都起到举足轻重的作用。

木制座椅是庭园的基本组成部分(见图 4-7),具有朴实自然的感觉。木制庭园家具有很多类型,既有经过简单砍制的粗糙原木凳椅,也有工艺复杂、造型优美的长椅。

图 4-7　休息座椅

木材是制作植物支架的最佳选材(见图 4-8),可以作成花架,也可以做成非常稳固的三角架和木桩,上面爬满蔓生蔷薇或藤蔓,形成优美的植物景观。光滑的木桩通过漆绘、上釉,或加上金属饰物、木球、风向标等,也可以增加它们的观赏价值。

木材也是制作栅栏的常用材料,起到分隔和围合空间的作用。通过巧妙的植物配置,可以使栅栏的质感变得柔和一些。

木材的低导热性与钢结构和天然石材形成了明显的反差,木质景观小品给人冬暖夏凉和健康舒适的感觉,木材的天然性与环保性,也是其他硬质材料所不及的,如图 4-9 所示。

图 4-8　景观花架

图 4-9　垃圾桶

二、铺地应用

　　景观铺装中,木铺装更显得典雅、自然,木材是栈桥、亲水平台、树池等应用中的首选。木材用来制作木平台也日渐风靡全球(见图 4-10)。据了解,美国家庭拥有室外木平台的数字与年俱增,美国将近 30% 的住宅有室外平台。室外后院造一个木平台,放些木家具,就可以烧烤进餐,也可以饮茶聊天。木平台可以造得很复杂,有栏杆、有楼梯、有高低层次,甚至有亭子花架。

　　木材被广泛地应用于景园铺装之中,比如由截成几段的树干构成的踏步石,由木材铺设的地面,它能够强化由其他材料构成的景园铺装,或者与其混合,或者进行外围的围合,像木隔架、篱笆、木桩、木柱等。在自然式景观设计中,常常使用的是木质铺装的天然色彩,这样不仅与设计风格完美结合,观赏价值也很高,并且可与格架、围栏粗犷的轮廓形成对比,有时,大多数规则式的景观,利用人工涂料将其油漆、染色,借以强化木质铺装或景观小品的地位,突出了规则式景园的严谨。

图 4-10　亲水木平台

　　木质铺装最大的优点就是给人以柔和、亲切的感觉,所以常用木材代替砖、石铺装。尤其是在休息区内放置桌椅的地方,与坚硬冰冷的石质材料相比,它的优势更加明显。

　　利用木材原木、原色建造大型码头平台、港口主景建筑或水上大型平台(见图 4-11),则更能营造出气势恢宏的生态景观。

图 4-11　木码头

三、结构性构件应用

　　木材可根据景观工程的需要,加工成结构性构建。常见的如木栈道或木平台,可用 45 mm×95 mm 地板面,花架(或凉亭)主梁等可用 45 mm×120 mm 的木柱,也有 120 mm×120 mm 的大柱,一些大规格的凉亭、花架还可用 145 mm×145 mm 木柱(见图 4-12),除此以外木龙骨也是结构性构建中的主要组成部分,常见的有 60 mm×60 mm 木龙和 60 mm×80 mm 龙骨。

图 4-12　木结构景观亭

第三节　木材在施工中的应用

一、应用详图

下面为木材的应用实例,包括木平台平面图(见图 4-13),木平台的两个剖面图,如图 4-14所示。图 4-15 为木平台硬木龙骨放线图,图 4-16 和图 4-17 为大样图。

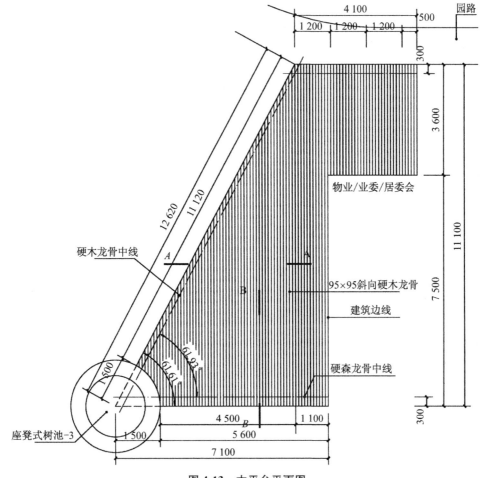

图 4-13　木平台平面图

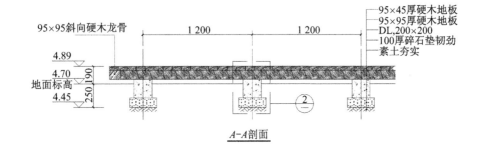

A-A剖面

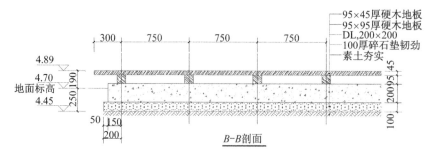

图 4-14　木平台剖面图

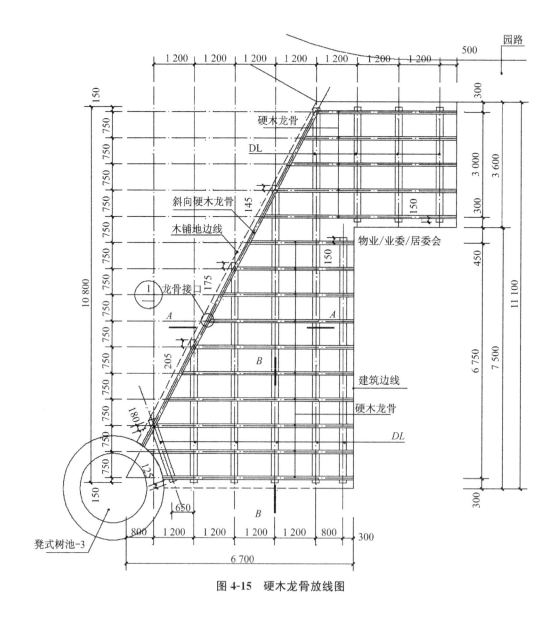

图 4-15　硬木龙骨放线图

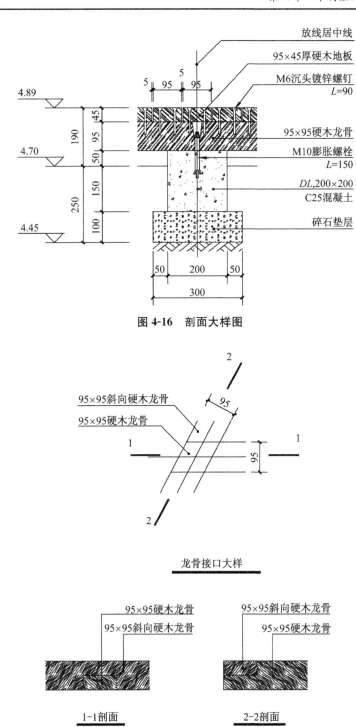

图 4-16 剖面大样图

龙骨接口大样

图 4-17 龙骨接口大样图

二、变色、腐朽、虫害等施工处理

1. 木材的腐朽与防腐

木材具有很多优点,但也存在两大缺点:一是易腐;二是易燃。因此在景观工程中应用木材时,必需考虑木材的防腐与防火问题。

根据木材产生腐朽的原因,通常防止木材腐朽的措施有以下两种:一是破坏真菌的生存条件。破坏真菌生存条件最常用的办法是使木结构、木制品和存储的木材处于经常保持通风干燥的状态,并对木结构和木制品表面进行油漆处理,油漆涂层既使木材隔绝了空气,又隔绝了水分。由此可知,木材油漆首先是为了防腐,其次才是为了美观。二是把木材变成有毒的物质。将化学防腐剂注入木材中,使真菌无法寄生。木材防腐剂种类很多,一般分水溶性防腐剂、油质防腐剂和膏状防腐剂三类。而膏状防腐剂由粉状防腐剂、油质防腐剂、填料和胶结料按一定比例混合配置而成,用于室外木材防腐。木材注入防腐剂的方法有多种,通常有表面涂刷或喷涂法、常压浸渍法、冷热槽浸透法和压力渗透法等。

2. 木材的防火

所谓木材的防火,就是将木材经过具有阻燃性能的化学物质处理后,变成难燃的材料,以达到遇小火能自熄,遇大火能延缓或阻滞燃烧蔓延,从而赢得扑救的时间。

根据木材燃烧机理,阻止和延缓木材燃烧的途径通常可有以下几种:抑制木材在高温下的热分解;阻滞热传递;稀释木材燃烧面周围空气中的氧气和热分解产生的可燃气体,增加隔氧作用。木材常用的阻燃剂,常用品种有以下几类:磷-氮系阻燃剂;硼系阻燃剂;卤系阻燃剂;含有铝、镁等金属化合物或氢氧化合物的阻燃剂;其他阻燃剂等。

3. 防腐木施工维护

1)铺设方法

(1)固定铺设法。用膨胀螺丝把龙骨固定在地面上,膨胀镙丝应用尼龙材质的(抗老化比较好),铁膨胀管应涂刷防锈漆,然后再铺设防腐木。

(2)活动铺设法。用不锈钢十字螺丝在防腐木的正面与龙骨连接;用螺丝把龙骨固定在防腐木反面,几块组成拼成一个整体,既不破坏地面结构,也可自由拆卸清洗。

(3)悬浮铺设法。龙骨在地面找平后,可连接成框架或井字架结构,然后再铺设防腐木。

2)安装

处理木结构基层时,设计施工中应充分保持防腐木材与地面之间的空气流通,可以更有效地延长木结构基层的寿命。

制作安装防腐木时,防腐木之间需留 0.2~1 cm 的缝隙,根据木材的含水率再决定缝隙大小;厚度大于 50 mm 或者大于 90 mm 的方柱为减少开裂可在背面开一道槽;五金件应用不锈钢、热镀锌或铜制的,这样主要避免日后生锈腐蚀,并影响连接牢度,连接安装时需要预先钻孔,以避免防腐木开裂。

3)维护

尽可能使用现有尺寸及形状,加工破损部分应涂刷防腐剂和户外防护涂料,因为防腐木本身是半成品,毛糙部分可在铺完后等木材含水率降到20%以下,再砂光一遍,如果需要更好的效果,表面清理干净后也可涂刷户外防护涂料,有颜色的保护涂料应充分搅匀。在施工过程中,遇阴雨天,最好先用塑料布盖住,等天晴后再刷户外保护涂料。注意,涂刷后 24 h 之内应避免雨水。

木材表面用户外防护涂料或硝基类涂料涂刷完后,为了达到最佳效果,48 h 内应避免人员走动或重物移动,以免破坏防腐木面层已形成的保护膜。为了取得更优异的防脏效果,施工过程中,必要时面层再做两道专用户外清漆处理。由于户外环境下使用的特殊性,防腐木会出现裂纹、细微变形,这属于正常现象,并不影响其防腐性能和结构强度。一般户外木材防护涂料是渗透型的,在木材纤维会形成一层保护膜,可以有效阻止水分对木材的侵蚀,清洁可用一般洗涤剂来清洗,工具可用刷子。木材铺装完成以后,需要1年至1年半左右做一次维护,用专用的木材水性涂料或油性涂料涂刷即可。

第四节 木材应用设计总结

木材作为一种景观材料,从功能性角度考虑,是一种性能良好的应用材料,外观漂亮,质地柔和,更倾向于生态性和自然性,同时木材处理简单,维护、替换方便,更重要的是它是天然产品,而非人工制造,通过防腐或碳化处理的木材,无特殊气味、无污染,是天然环保的材料。材质十分稳定,不易变形和开裂,木材颜色内外一致,颜色为黄色至深棕色,棕色木材的自然纹理凹凸显现,具有稳重质朴的感觉,与庭院植物水景、山石相呼应相得益彰。无论是对设计师还是使用者而言,木材都极具吸引力。

木材品种较多,但要选择适合景观环境的产品。前面总结的木材,人工防腐处理后的材质中,南方松、芬兰木、樟子松、辐射松、铁杉、纽叶松市场供应量较多,目前工程中性价比较高的为樟子松,但南方松为综合品质最佳的一款,一般推荐使用。硬木中菠萝格和山樟品质佳,性价比较高,推荐使用。

木材在应用中,作为室外铺装材料,木材的使用范围不如石材或其他铺装材料那么广,但是在景观领域,木材的可见率是非常高的,在一些小品、构筑物的应用方面,木材随处可见,木质景观小品以其凸显的自然、朴实、生态、健康和高品位的特性,在广场、公园以及花园式的小区得到广泛的应用,已成为城市活动环境的生活时尚。木材应用可归纳以下几个方面,景观小品类,有亲水平台、凉亭、护栏、花架、屏风、秋千、花坛、栈桥、雨棚、垃圾箱、景观工程、木梁、龙骨;铺地类,有户外地板、露台地板、浴室地板、泳池地板、阳台地板、地热地板、亲水平台等;墙板类,有别墅墙板、屋顶扣板、外墙挂板、装修格板、桑拿用品;家具类,有花园家具、庭院家具、公园桌椅、沙滩桌椅等。

但木材由其材质特性所决定的容易腐烂、枯朽,在选择时,一定要注意,为了合理使用木材,通常按不同用途的要求,限制木材允许缺陷的种类、大小和数量,将木材划分等级使用。腐朽和虫蛀的木材不允许用于结构,影响结构强度的缺陷主要是木节、斜纹和裂纹。外露的表面,更要注意木材纹理和色泽。

总而言之,要减轻或避免木材小品的翘曲、变形、开裂等现象,关键在于选材、加工处理与保养。制作木质景观小品应尽量选用硬质木材,给木材的干燥或油漆和防腐处理应留有足够的时间,在使用过程中应加强保养,每年雨季或冬季来临前,使用油漆等防护剂进行保养处理。

学习小结

本章学习主要掌握木材的分类、特点,木材的应用与施工。相对于石材与砖而言,木材在实际应用中应更加注意施工方式、后期维护和管理。

思考题

(1) 木材根据材质硬度一般可分为哪两类？各有什么特点？

(2) 木材根据产品用途大致可分为哪四类？

(3) 试分析一下木材的构造。

(4) 什么是防腐木？有什么特点？可应用于哪些领域？

(5) 什么是碳化木？有什么特点？可应用于哪些领域？

第五章　钢材及景观新材料

本章概述:本章主要介绍钢材的种类及特性,钢材在设计中的应用以及常见的景观新材料。钢材在景观中的应用包括两种形式,一种是外露的、以钢材作为构筑物,这一类型包括装饰类的,如雕塑、小品和装饰性构建等,功能性的如景观桥、休息座椅、灯具和亭等,辅助性的如栏杆、排水口等,现在还有一些建筑,采用钢结构,由于其独特的造型、优美的轮廓成为标志性建筑,也可以称为景观建筑;另一种是作为结构中的一部分,常常是看不见的。景观新材料主要介绍现推出的一些高科技、环保的新材料。

第一节　钢　材

从古典园林发展到现代景观,其中除了设计理念、设计手法的发展以外,另外,很重要的一方面还有景观材料的变化,钢材就是其中最重要的一种,并且,随着钢材冶炼手法和工艺的发展,在现代景观设计的应用中,运用的类型和形式也越来越多(见图5-1)。

图 5-1　上海五角场景观钢构架

一、黑色金属与有色金属

黑色金属是指铁和碳的合金,如生铁、钢、铁合金、铸铁等。生铁是指把铁矿石放到高炉中冶炼而成的产品,主要用来炼钢和制造铸件。把炼钢用的生铁放到炼钢炉内按一定工艺熔炼,即得到钢。钢的产品有钢锭、连铸坯和直接铸成各种钢铸件等。通常所讲的钢,一般是指轧制成各种钢材的钢。钢属于黑色金属,但钢不完全等于黑色金属。钢和生铁都是以铁为基础,以碳为主要添加元素的合金,统称为铁碳合金。铁合金是由铁与硅、锰、铬、钛等元素组成的合金,铁合金是炼钢的原料之一,在炼钢时,做钢的脱氧剂和合金元素添加剂用。把铸造生铁放在熔铁炉中熔炼,即得到铸铁(液状),把液状铸铁浇铸成铸件,这种铸铁叫铸铁件。

有色金属又称非铁金属,指除黑色金属外的金属和合金,如铜、锡、铅、锌、铝以及黄铜、青铜、铝合金和轴承合金等。另外在工业上还采用铬、镍、锰、钼、钴、钒、钨、钛等,这些金属主要用作合金附加物,以改善金属的性能,其中钨、钛、钼等多用以生产刀具用的硬质合金。有色金属可分为四类,分别是重金属,如铜、锌、铅、镍等;轻金属,如钠、钙、镁、铝等;贵金属,如金、银、铂、铱等;稀有金属,如锗、铍、镧、铀等。贵金属通常是指金、银和铂族元素。这些金属在地壳中含量较少,不易开采,价格较贵,所以叫贵金属。这些金属对氧和其他试剂较稳定,金、银常用来制造装饰品和硬币。稀有金属通常指在自然界中含量较少或分布稀散的金属。它们难于从原料中提取,在工业上应用较晚。

二、钢的分类

钢是含碳量在 $0.04\%\sim2.3\%$ 之间的铁碳合金。为了保证其韧性和塑性,含碳量一般不超过 1.7%。钢的主要元素除铁、碳外,还有硅、锰、硫、磷等。钢的分类方法多种多样,其主要方法有如下 7 种：

1. 按品质分类

(1) 普通钢（$P \leqslant 0.045\%$，$S \leqslant 0.050\%$）。

(2) 优质钢（P、S 均 $\leqslant 0.035\%$）。

(3) 高级优质钢（$P \leqslant 0.035\%$，$S \leqslant 0.030\%$）。

2. 按化学成份分类

(1) 碳素钢：① 低碳钢（$C \leqslant 0.25\%$）；② 中碳钢（$C \leqslant 0.25\% \sim 0.60\%$）；③ 高碳钢（$C \leqslant 0.60\%$）；

(2) 合金钢：① 低合金钢（合金元素总含量不大于 5%）；② 中合金钢（合金元素总含量大于 $5\% \sim 10\%$）；③ 高合金钢（合金元素总含量大于 10%）。

3. 按成形方法分类

(1) 锻钢。

(2) 铸钢。

(3) 热轧钢。

(4) 冷拉钢。

4. 按金相组织分类

(1) 退火状态的：① 亚共析钢（铁素体＋珠光体）；② 共析钢（珠光体）；③ 过共析钢（珠光体＋渗碳体）；④ 莱氏体钢（珠光体＋渗碳体）。

(2) 正火状态的：① 珠光体钢；② 贝氏体钢；③ 马氏体钢；④ 奥氏体钢。

(3) 无相变或部分发生相变的。

5. 按用途分类

(1) 建筑及工程用钢：① 普通碳素结构钢；② 低合金结构钢；③ 钢筋钢。

(2) 结构钢：① 机械制造用钢：(a) 调质结构钢；(b) 表面硬化结构钢：包括渗碳钢、渗氮钢、表面淬火用钢；(c) 易切结构钢；(d) 冷塑性成形用钢：包括冷冲压用钢、冷镦用钢。② 弹簧钢。③ 轴承钢。

(3) 工具钢：① 碳素工具钢；② 合金工具钢；③ 高速工具钢。

(4) 特殊性能钢：① 不锈耐酸钢；② 耐热钢：包括抗氧化钢、热强钢、气阀钢；③ 电热合金钢；④ 耐磨钢；⑤ 低温用钢；⑥ 电工用钢。

(5) 专业用钢：如桥梁用钢、船舶用钢、锅炉用钢、压力容器用钢、农机用钢等。

6. 综合分类

(1) 普通钢：① 碳素结构钢：(a) Q195；(b) Q215（①B）；(c) Q235（①②C）；(d) Q255（①B）；(e) Q275。② 低合金结构钢。③ 特定用途的普通结构钢。

(2) 优质钢（包括高级优质钢）：① 结构钢：(a) 优质碳素结构钢；(b) 合金结构钢；(c) 弹簧钢；(d) 易切钢；(e) 轴承钢；(f) 特定用途优质结构钢。② 工具钢：(a) 碳素工具钢；(b) 合金工具钢；(c) 高速工具钢。③ 特殊性能钢：(a) 不锈耐酸钢；(b) 耐热钢；(c) 电热合金钢；(d) 电工用钢；(e) 高锰耐磨钢。

7. 按冶炼方法分类

(1) 按炉种分：① 平炉钢：(a) 酸性平炉钢；(b) 碱性平炉钢。② 转炉钢：(a) 酸性转炉钢；(b) 碱性转炉钢。或(a)底吹转炉钢；(b) 侧吹转炉钢；(c) 顶吹转炉钢。③ 电炉钢：

(a) 电弧炉钢;(b) 电渣炉钢;(c) 感应炉钢;(d) 真空自耗炉钢;(e) 电子束炉钢。

(2) 按脱氧程度和浇注制度分:① 沸腾钢;② 半镇静钢;③ 镇静钢;④ 特殊镇静钢。

8. 钢材按外形分类,可分为型材、板材、管材、金属制品 4 大类。

为便于采购、订货和管理,我国目前将钢材分为 16 大品种,如表 5-1 所示。

表 5-1　钢材分类表

类别	品种	说　明
型材	重轨	每米公称重量大于 30 kg 的钢轨,属于重轨,重轨可以分为一般钢轨和起重机轨两种
	轻轨	每米重量小于或等于 30 kg 的钢轨
	大型型钢 中型型钢 小型型钢	普通钢圆钢、方钢、扁钢、六角钢、工字钢、槽钢、等边和不等边角钢及螺纹钢等。按照钢的冶炼质量不同,型钢分为普通型钢和优质型钢。按尺寸大小分为大、中、小型
	线材	直径 5~10 mm 的圆钢和盘条
	冷弯型钢	用钢板或钢带在冷状态下弯曲成的各种断面形状的成品钢材。冷弯型钢是一种经济的截面轻型薄壁钢材,也称为钢制冷弯型材或冷弯型材
	优质型材	优质钢圆钢、方钢、扁钢、六角钢等
	其他钢材	包括重轨配件、车轴坯、轮箍等
板材	薄钢板	薄钢板是指厚度不大于 3 mm 的钢板。常用的薄钢板厚度为 0.5~2 mm,分为板材和卷板供货
	厚钢板	厚钢板是指厚度大于 3 mm 的钢板。厚钢板分为特厚钢板和中厚钢板。特厚钢板是指厚度不小于 50 mm 的钢板。中厚钢板是指厚度大于 3 mm、小于 50 mm 的钢板
	钢带	也叫带钢,实际上是长而窄并成卷供应的薄钢板
	电工硅钢薄板	也叫硅钢片或矽钢片
管材	无缝钢管	用热轧、热轧、冷拔或挤压等方法生产的管壁无接缝的钢管
	焊接钢管	将钢板或钢带卷曲成型,然后焊接制成的钢管
金属制品	金属制品	包括钢丝、钢丝绳、钢绞线等

三、常用钢材类型

钢材在景观中应用类型比较常见有工字钢、H 型钢、槽钢、角钢、圆钢、方钢、螺纹钢和钢筋等,现在随着技术的发展,一些景观小品也越来越多地选用钢材进行定制加工。

1. 工字钢

工字钢也称钢梁,是截面为工字形的长条钢材。其规格以腰高×腿宽×腰厚表示,如"工 160×88×6",即表示腰高为 160 mm,腿宽为 88 mm,腰厚为 6 mm 的工字钢。工字钢分为普通工字钢和轻型工字钢,如图 5-2 所示。

2. H 型钢

H 型钢是一种截面面积分配更加优化、强重比更加合理的经济断面高效型材,因其断面与英文字母"H"相同而得名,如图 5-3 所示。由于 H 型钢的各个部位均以直角排布,因此 H 型钢在各个方向上都具有抗弯能力强、施工简单、节约成本和结构重量轻等优点,在许多工程项目中被广泛应用。

图 5-2 工字钢

图 5-3 H 型钢

3. 槽钢

槽钢是截面形状为凹槽形的长条钢材,如图 5-4 所示。同工字钢相同,槽钢也分普通槽钢和轻型槽钢两种,型号和规格的表示方法同样以腰高×腿宽×腰厚表示,如 120×53×5 槽钢,即为腰高 120 mm、腿宽为 53 mm,腰厚为 6 mm 的槽钢。普通槽钢主要用于建筑结构、车辆制造和其他工业结构,常与工字钢配合使用。轻型槽钢是一种腿宽壁薄的钢材,比普

图 5-4 槽钢

通槽钢有较好的经济效果。主要用于建筑和钢架结构等。

4. 角钢

角钢俗称角铁,其截面是两边互相垂直成直角形的长条钢材。角钢有等边角钢和不等边角钢之分,两垂直边长度相同为等边角钢,一长一短的为不等边角钢(见图 5-5),其规格以边宽×边宽×边厚表示。角钢可按结构的不同需要组成各种不同的受力构件,也可作构件之间的连接件。角钢被广泛地用于各种建筑结构和工程结构,如用于厂房、桥梁、车辆等大型结构件,也用于建筑桁架、铁塔、井架等结构件。

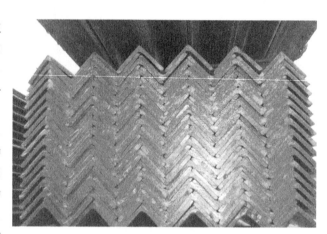

图 5-5 角钢

5. 钢筋混凝土用钢筋

钢筋混凝土用钢筋是指钢筋混凝土配筋用的直条或盘条状钢材,其外形分为光圆钢筋和变形钢筋两种,如图 5-6 所示。钢筋混凝土用钢筋主要用于配筋,它在混凝土中主要承受拉应力。螺纹钢由于表面力的作用,和混凝土有较大的黏结能力,能更好地承受外力的作

用。广泛用于各种建筑结构、特别是大型、重型、轻型薄壁和高层建设结构,是不可缺少的建筑材料。在景观施工中,钢筋混凝土也是必不可少的工程材料。

图 5-6　钢筋混凝土用钢筋

四、不锈钢、不锈铁、彩钢与塑钢

不锈铁与不锈钢相比主要是在于是否含镍。不锈铁是含铬而不含镍的,不锈钢则是既含铬又含镍的,由于镍属于较稳定元素,那么它的抗腐蚀能力自然要比不锈铁强很多。由于镍的价格较贵,所以从成本上不锈钢要高于不锈铁,再加上抗腐蚀能力的差异,不锈钢价格比不锈铁高出 1/4～1/3。由于镍是抗磁性元素,一般比较简单的分辨方法是看是否具有较强的磁性,即用磁铁来吸引。

彩钢一般分为镀锌基板和镀铝锌基板,表面不如不锈钢光亮,但是彩钢的颜色漂亮、款式多样、经济实惠、美观大方,但在使用时间上不如不锈钢使用时间长。它还大量被用于洁净室的隔墙。虽然它不属于精细的建材,但是在应用中也会出现亮点,比如中国移动的营业厅门面都有一条彩钢板作为灯布的压条。

塑钢就是用 PVC-U 为主成分挤压成型的门窗材料,也就是通常说的塑料。在加工过程中往型材中添加配套的衬钢,以防止型材变形。塑料加钢即简称塑钢。

五、钢材在景观中的作用

钢结构常用于跨度大、高度大、荷载大、动力作用大的各种工程结构中,如工业厂房的承重骨架和吊车梁、大跨度的屋盖结构、高层建筑的骨架、大跨度的桥梁、起重机结构、塔架和桅杆结构、石油化工设备的框架、工作平台和海洋采油平台、管道支架、水工闸门等。也常用于可装拆搬迁的结构,如临时性展览馆、建筑工地用房、混凝土模板等。轻型钢结构常用于小跨度轻屋面的各类房屋、自动化高架仓库等。此外,容器结构、炉体结构和大直径管道等也常用钢材制成。

钢材在景观中应用较多,但往往不引人注意,主要是由钢材的应用特点所决定的,钢材在景观中的应用包括两种形式,一种是外露的、以钢材作为构筑物的类型,这一类型包括装饰类的,如雕塑、小品和装饰性构件等,功能性的如景观桥、休息座椅、灯具和亭等,辅助性的如栏杆、排水口等,现在还有一些建筑,采用钢结构,由于其独特的造型、优美的轮廓成为标志性建筑,也可以称为景观建筑;另一种是作为结构中的一部分,常常是看不见的。这里主要介绍外露的情况。

1. 装饰类

钢材,特别是不锈钢,以其特殊的表面效果,在景观中应用得越来越多,一些现代的雕塑、小品和装饰性构建,或者利用钢材的光面,或者利用钢材的实体材料感,在环境中,形成造型独特、形态各异的独特景观,如图5-7~图5-10所示。

图 5-7 上海月圆圆雕塑(一)

图 5-8 上海月圆圆雕塑(二)

图 5-9 上海月圆圆雕塑(三)

图 5-10 不锈钢地面装饰

2. 功能类

在现在景观设计中,许多功能性的设施都采用钢材,如休息桌椅、灯、景观桥、坐凳、亭廊、垃圾筒等。还往往把钢材与木材、玻璃等其他景观材料相结合,用材质机理或色彩纹理相对比,成为一些局部的设计亮点,如图5-11、图5-12所示。

图 5-11 指示牌　　　　　　图 5-12 不锈钢种植器

3. 辅助类

辅助类钢材应用,主要是指钢材在应用中兼具功能性和装饰性,但都不是特别明确,典型的如井盖、排水口和栏杆等,如图 5-13、图 5-14 所示。

图 5-13 不锈钢隔离柱　　　　　图 5-14 不锈钢栏杆

除此以外,现代的一些建筑采用钢结构,由于其独特造型成为景观建筑和标志性景点,如上海五角场蛋形景观刚构架、鸟巢国家体育馆等,从视觉上构成了城市景观的一部分。

第二节　景观新材料

随着高科技的飞速发展,材料、工艺水平和施工技术得到了不断的提高与更新,国内外涌现出了大量高新技术在现代景观设计中运用的理论与实践,新生代的景观设计师也正在对传统的景观概念提出挑战,以塑料、金属、玻璃、合成纤维为材料,在材料的运用上增添了很多选择,立于景观设计的前沿。每一种材料都具有不同的属性特点,在景观设计中,往往是多种材料的结合,材料自身的纹理和几种材料的衔接缝会产生空间的导向感及动静感。而几种材料一旦像未经设计的那样堆砌起来,则会影响整体的外观,还会让人产生混乱的感觉。所以在进行设计的时候,要注意各个材料之间尺度与比例的协调,以及材料使用的视觉连续性,要达到设计的统一性、增强协调性。景观新材料的应用与推广同样也要考虑不同材料之间的协调。

景观新材料包含两层含义,一是传统材料采用先进工艺后在性能上得到进一步发展;另一种就是以前没有用过的材料被应用到景观设计中。随着科技和工艺的发展,会涌现出越来越多的新材料。下面主要介绍一些已经应用到的景观新材料。

一、艺术地坪

彩色压印混凝土艺术地坪于 1955 年由美国 Bomanite 公司世界首创,通过在混凝土基层面上进行表面彩色强化、压印、脱模养护、密封保护等多道处理工艺,以达到混凝土艺术地坪的效果。经过近 50 余年的发展和完善,该产品在工艺合理性、专用化学材料的稳定性与环保性及装饰效果方面已达到了很成熟的水平。产品崇尚自然,通过对混凝土等材料的运用和设计,形成了一种自然、轻松、灵活、有艺术韵味的艺术地坪系统。现在常见的艺术地坪有植草地坪、艺术地坪、异型工程、透水地坪等,如图 5-15～图 5-18 所示。

图 5-15　艺术地坪(一)

图 5-16　艺术地坪(二)

图 5-17　透水地坪(一)　　　　　　　　　图 5-18　透水地坪(二)

　　一般地坪系统都拥有系列经典色彩配比方案,能够配合设计师的创意,实现不同环境和个性所要求的装饰风格,这是一般透水砖很难实现的。用高压水洗的方式即可非常简单地处理孔隙堵塞的问题。透水性混凝土的耐用耐磨性能优于沥青,接近于普通混凝土,承载力等同标号砼,因此避免了一般透水砖存在的承载力低、使用年限短、不经济等缺点。冬季土壤结冰膨胀系数大时,普通地面容易出现裂痕。而具有独特孔隙结构的透水性铺装系统拥有较好的抗土壤冻胀性,不会因冻融影响而断裂,透水地坪因其优良的透水性可降低或免去雨水管道的投入。

　　艺术地坪的工艺与垫层混凝土采用一体化设计和施工。在摊铺好的混凝土表面上,待混凝土表面析水消失后,用干撒彩色强化剂(干粉)的方法对混凝土表面进行上色和强化,并使用专用工具将彩色强化剂抹入混凝土表层使其融为一体,待表面水分光泽消失时,均匀施撒彩色脱模养护剂(干粉),并马上用事先选定好的模具在混凝土表面进行压印,实现各种设计款式、纹理和色彩,达到天然材料的质感,例如板岩、石灰石、花岗岩、沙岩、木头和圆石的效果。随着世界环境问题日益严重,采用透水性产品逐步成为一种改善环境、减少热岛效应、寻求与自然协调、维护生态平衡的有效方法。具备高承载、高存蓄量和快速渗透等特性的现浇透水地坪,具有很好的使用价值和广阔的应用范围。

二、新型砖材

1. 太阳能发光地砖

　　太阳能发光地砖,主要由外壳、发光板、发光体、太阳能电路板及电池组成,外壳采用透光材料制成具有中空容置腔的形态,发光板采用透光材料制成的面板,该面板至少具有一层半透光的散射层,发光板和太阳能电路板依次放置在外壳中,发光体和电池与太阳能电路板相连接,发光体安装在外壳内且位于发光板的侧边。此结构简单,具有更佳的照明及装饰效果,如图 5-19 所示。

2. 空心玻璃砖

空心玻璃砖以烧熔的方式将两片玻璃胶合在一起,再用白色胶搅和水泥将边隙密合,可依玻璃砖的尺寸、大小、花样、颜色来做不同的设计表现,如图 5-20 所示。依照尺寸的变化可以在家中设计出直线墙、曲线墙以及不连续墙的玻璃墙。值得注意的是,在大面积的砖墙或有弧度的施工方式,需要拉铜筋来维持砖块水平,而小面积砖墙施工中,需要在每个玻璃砖相连的角上放置专用固定架连接施工。

图 5-19　太阳能发光地砖

图 5-20　空心玻璃砖

3. 旱喷地砖灯

旱喷地砖灯,既是地砖也是灯具,如图 5-21、图 5-22 所示。包括上部开口的方槽形壳体,壳体上部开口处固定有透光密封板,壳体设有至少一条贯通壳体底部和上部密封板的喷管安装套管,在密封板下侧的安装套管外围固定有环形槽,在环形槽内设有射灯,射灯的投光方向与喷管的喷水方向相配合,在壳体的内底部固定有 LED 灯,射灯和 LED 灯的电源线经壳体底部的接线孔引出。这种新型产品具有安装使用方便、装饰效果好的优点,用于旱喷泉。

图 5-21　旱喷地砖灯(一)

图 5-22　旱喷地砖灯(二)

三、屋顶绿化中的新型阻根防水材料

现在屋顶花园成为景观设计中的一大领域,屋顶防水处理成为技术上的重点,种植屋面一般包括种植层、排水和过滤层、分离层、防水阻根层、保温层、蒸气阻挡层、基层等,其中最重要的是防水层,它应兼有防水和阻止植物根穿透的功能。种植屋面常用的防水卷材主要包括改性沥青、PVC 和 EPDM 三种。由于种植屋面荷载重、要求使用寿命长、不易维修等因素,国外采用叠层改性沥青防水层较多,但沥青基防水卷材阻根性较差,需要采取阻根剂、铝箔、铜蒸气等手段解决这一问题。PVC 和 EPDM 防水卷材只要具有较大的厚度,也可用于种植屋面单层铺设,或者铺在有沥青卷材作为下层防水的上面,组成多层防水。因此,可大力发展阻根叠层改性沥青防水层,以适应细作型重型种植屋面的需要,同时适当发展和采用 PVC 和 EPDM 防水卷材,逐渐形成多元化防水材料体系。

1. 含有复合铜胎基的 SBS 改性沥青防水层

该产品的阻根性能是通过在 SBS 改性沥青涂层中加入的生物阻根剂,以及经过铜蒸气处理过的聚酯复合胎基来实现的。由于化学阻根物质与改性沥青混合,使植物根无法穿透防水层,从而保证了防水材料的使用寿命。是一种顶层植物阻根防水材料,其胎体经铜蒸气处理后可达到阻根的目的,但不会破坏周围的环境。当植物根与含铜胎体接触,会寻找其他的方式继续生长。这种特殊的铜蒸气处理方法是德国 Vedag(威达)公司的专利。同时,这种含有复合铜胎基的 SBS 改性沥青阻根防水材料是在防水材料的基础上发展起来的,它具有良好的防水性能,很强的抗变形能力,理想的耐久性能,确实体现了防水与阻根的完美结合。

2. PVC 防水层

Sarnafil 公司的 PVC 防水卷材耐老化,屋面上使用寿命至少 20 年,具有良好的低温柔性,零下 30 ℃无裂纹,耐根系渗透,尤其适用于绿色屋面,抗穿孔性和耐压性好,机械阻力高,尺寸变化率低,材质均匀,不分层,无毛细管现象,具有可焊性、维修便捷等特点。可用于暴露屋面、绿色屋面、交通平台(行车屋面和上人屋面)、轻钢屋面、旧屋面维修。

3. EPDM 防水层

EPDM 防水卷材非常耐久,用作建筑物的防水和防潮十分理想,在温度零下 40～120 ℃范围内,其柔度和强度不变。EPDM 卷材耐紫外线,不含在使用期间可能蒸发的增塑剂,在水、紫外线辐射、阳光、冰和污染物作用下,几十年对其功能无影响。EPDM 防水卷材由于具有独特的防植物根穿透性及耐腐烂、菌、藻和微生物,被认为是用作建筑物和绿化装饰最有效的防水材料。

第三节　钢材应用设计与景观新材料总结

钢材作为一种景观材料,虽然属于四大主材之一,现在在景观设计中的应用并没有像石材、砖和木材广泛,但随着技术和工艺的不断进步,将会在应用方式和领域上有更进一步的发展。从功能性角度考虑,钢材是一种性能良好的应用材料,其独有的质感效果,往往能营造特有的景观氛围,但其冰冷的外观及不菲的造价,局限了它在冬季的使用。

钢材在景观中的应用,无论是装饰性的还是功能性的,都是预加工的,在景观的现场施工中,大多不需要像石材、砖和木材那样考虑过多的施工做法。从另一个角度,现在还有一些建筑采用钢结构,由于其独特的造型、优美的轮廓成为标志性建筑,称为景观建筑,这也是景观的一部分。

景观新材料的引进与推广是时代发展的大趋势,现在越来越多地朝着环保、节能方向发展。现代审美观念和建造技术的发展,使人们不会只根据事物的表面现象做出"肤浅"的判断,也不再只集中于色彩、肌理、质感这些感官的表现力上,而是开始感受更深层次的内涵,进一步明晰各个构成元素之间的特殊关系。

学习小结

本章主要学习掌握钢材的分类、特点及钢材的应用。相对于其他景观材料而言,钢材在实际应用中,除了外露的部分以外,还应用于许多内部结构。景观新材料是随着科技的发展逐步推广应用的,需要了解其特性和应用方式。

思考题

(1) 钢材是怎么进行分类的?

(2) 黑色金属和有色金属各有什么特性?

(3) 不锈钢、不锈铁、彩钢与塑钢有什么区别?

(4) 什么是艺术地坪? 有什么特点? 可应用于哪些领域?

第六章　软质景观材料

本章概述:软质景观材料一般是指植物和水体。本章主要从植物作为景观材料的角度分析植物的应用以及常用的植物品种。植物材料从应用上大致可分为地被材料、绿篱材料、花坛花境材料、乔木材料、垂直绿化材料和水生植物材料等。水在景观中应用的形式多样,这里主要介绍喷泉和雾森设计中涉及的材料。

第一节　植物材料

景观植物材料是指在景观设计中作为观赏、组景、庇荫、防护、覆盖地面等用途的植物,如图 6-1 所示。在景观设计中,综合运用乔木、灌木、藤本以及草本植物等景观植物素材,通过设计艺术手法,结合考虑各种生态因子的相互作用,充分发挥景观植物本身的形体、线条、色彩等自然美,创造出与周围环境相适宜、相协调的环境空间。合理应用景观植物能创造出优美的景观效果,实现最佳社会、经济、生态效益。

图 6-1　植物材料

植物对于生态环境具有至关重要的作用。从生态循环的角度看,植物能吸收空气中的二氧化碳,放出氧气,调节空气中二氧化碳和氧气的平衡,能有效吸收太阳辐射,降低空气温度,还能通过自身的蒸腾作用有效调节空气湿度,还具有净化水体、保护水土的作用。从环境保护的角度,植物具有吸收有害气体和评价监测环境质量的作用。许多植物能有效吸收空气中的一氧化碳、硫、氮等有害气体,同时还可以应用植物对部分有害气体的敏感特性来评价监测环境质量。大部分植物还具有良好的吸尘和杀菌作用。此外,城市植物还是天然的"消声器",它能有效地减弱由于交通工具、人等产生的噪声。植物以其不同的姿态、色彩、气味,使人通过视觉、嗅觉、触觉等获得对大自然的审美享受。

这里主要从材料使用的角度来分析植物在景观设计中的应用。

一、地被材料

地被植物通常在景观设计中指的是草坪或紧贴草坪的植物,一般以草坪为主。根据草坪植物种类组合不同可分为:

(1)单纯草坪。由一种草本植物组成的草坪,如狗牙根、马蹄金草坪、马尼拉草坪等。根据地域的不同可选择更适合当地自然条件的草种。

(2)混合草坪。由两种或两种以上草本植物混合播种而形成的草坪,如50%的黑麦草、

20%的高羊茅、20%的草地早熟禾和10%的狗牙根组合而成的混合草坪,以延长草坪的绿色观赏期,提高草坪的使用效率和综合功能。

(3)缀花草坪。在以禾本科植物为主体的草坪上,混有小量开花华丽的多年生草本植物,草本植物如葱兰、酢酱草、白花三叶草、麦冬、石蒜等;灌木地被如小檗、八角金盘、八仙花、铺地柏、杜鹃等。将其疏密有致地分布在草坪上,可起到较好的点缀作用,还有利于季相构图,但缀花范围不宜超过草坪总面积的三分之一。

根据草坪使用功能不同可分为:

(1)游憩草坪。供人们坐卧、散步、游戏及户外活动等。

(2)观赏草坪。专供人们观赏之用,不允许游人在内游憩或践踏。

(3)体育草坪。供人们从事体育活动用的草坪,如足球场、网球场、高尔夫球场草坪等。以上草坪中草的高度一般控制在 7 cm 左右,所以经常需要推剪。另外还有牧草地、飞机场草坪、林中草地、护坡草地等。

草坪在设计中应该注意草种选择。草坪草种按其生态习性可分为暖季型和冷季型两大类。暖季型草种一般耐高温,喜欢比较温暖的气候,抗寒性差,冬季茎叶枯萎退绿,如狗牙根、结缕草、天鹅绒草、马尼拉草。冷季型草种耐寒冷,喜湿润冷凉气候,抗热性差,但寒冬仍绿草茵茵,如草地早熟禾、高羊茅、黑麦草等。

草种选择主要应满足下列要求:首先,必须适应当地环境条件,对逆性因子,如酷热、寒冷、干旱、短期水涝、病虫害和有毒气体等,有较强抗性,如南方多用暖季型草种,北方多用冷季型草种,湖畔应选用耐湿草种,林下应选耐阴草种等;其次,要符合所建草坪功能要求,如游憩草坪或体育草坪应选耐践踏并能迅速复苏的草种,观赏草坪则要求色泽均匀、平整、美观等,外形优美,生长迅速,繁殖容易,耐干旱,耐修剪,与杂草竞争能力强,稳定性好。

下面介绍几种主要的草坪、草本地被。

1. 草坪草

(1)狗牙根。

拉丁名:C. dactylon(L.)pers

别名:拌根草、爬根草、铁线草、行仪芝、感沙草。

科属:禾本科,狗牙根属。

形态特征:长期多年生禾草。短根茎,匍匐茎非常发达。直立秆高2.5～20 cm,叶线形,宽 1～3 mm。节间长短不等。穗状花序3～6 枚指状排列于茎顶。小穗灰绿色或紫色。花果期 4～10 月,如图 6-2 所示。

图 6-2　狗牙根

生长习性:高度耐热,但耐寒性中等,一般日均温降到 6～9 ℃时,影响越冬器官存活。因此,在南北回归线之间为常绿,越过北回归线则为夏绿,绿期为 280～330 天。在年降雨量 600～1 800 mm 的地区广泛分布。在干旱半干旱地区,常分布于江、河及沟渠沿岸。耐旱性强,也耐盐碱,非常耐践踏,但最怕荫蔽。

应用：可广泛应用于各种运动草坪、休憩草坪及保土草坪。

（2）马蹄金。

拉丁名：Dichondra repens

别名：小金钱草、荷苞草、肉馄饨草、金锁匙。

科属：旋花科，马蹄金属。

形态特征：多年生匍匐小草本，株高 5～15 cm，须根多。茎绿色细长，匍匐地面，节上长根，节间长 1.5～3 cm。叶圆形或肾形，鲜绿色。叶宽 1～2.5 cm。叶柄细，长 2～15 cm。花很小，长 1.5 mm，宽 1 mm，单生于叶脉，花冠钟状，黄白色，如图 6-3 所示。

图 6-3　马蹄金

生长习性：生长于半阴湿，土质肥沃的田间或山地。耐阴、耐湿，稍耐旱，只耐轻微的践踏。温度降至 -6 ℃～-7 ℃时会遭冻伤。一旦建植成功便能够旺盛生长，并且自己结实，适应性强。生于海拔 1 300～1 980 m，山坡草地，路旁或沟边。我国长江以南各省及台湾省均有分布。广布于两半球热带亚热带地区。

应用：马蹄金生长适应性强，覆盖率高，堪称"绿色地毯"，可以用于大片观赏草坪，也可栽培在景观铺装的石块、砖块间和地边不积水的浅沟内。尤宜在树林下、建筑物边、居住区和坡地种植，也可用于沟坡、堤坡、路边等作固土材料。

2. 草本地被

（1）葱兰。

拉丁名：Zephyranthes candida

别名：葱莲、白花菖蒲莲、韭菜莲、玉帘、肝风草。

科属：石蒜科，葱莲属（玉帘属）。

形态特征：多年生常绿草本植物。有皮鳞茎卵形，略似晚香玉或独头蒜的鳞茎，直径较小，有明显的长颈。叶基生，肉质线形，暗绿色。株高 30 cm 至 40 cm。花葶较短，高 0.3～0.4 m，中空。花单生，花被 6 片，白色，长椭圆形至披针形；花冠直径 4～5 cm，如图 6-4 所示。

生长习性：喜阳光充足，耐半阴和低湿，宜肥沃、带有黏性而排水好的土壤。较耐寒，在长江流域可保

图 6-4　葱兰

持常绿,0 ℃以下也可存活较长时间。在－10 ℃左右的条件下,短时不会受冻,但时间较长则可能被冻死。

应用:葱兰植株低矮,叶翠绿而花洁白,多用于可用于花坛镶边、公园的假山绿地镶边、疏林地被、花径。

(2) 红花酢浆草。

拉丁名:Oxalis rubra A. St. Hil

别名:三叶草、夜合梅、大叶酢浆草、三夹莲、铜锤草等。

科属:酢浆草科,酢浆草属。

形态特征:多年生草本,株高10～20 cm,地下具有球形根状茎,白色透明。基生叶,叶柄较长,三小叶复叶,小叶倒心形,三角状排列。花从叶丛中抽生,伞形花序顶生,总花梗稍高出叶丛,花期 4～10 月。花与叶对阳光均敏感,白天、晴天放,夜间及阴雨天闭合,如图 6-5 所示。

图 6-5　红花酢浆草

生长习性:喜向阳、温暖、湿润的环境,夏季炎热地区宜遮半荫,抗旱能力较强,不耐寒,华北地区冬季需进温室栽培,喜阴湿环境,对土壤适应性较强,一般园土均可生长,但以腐殖质丰富的砂质壤土生长旺盛,夏季有短期的休眠。

应用:景观中广泛种植,既可以大面积覆盖,也可以布置于花坛、花境,用于台坡、阶旁、沟边种植,还可以防止水土流失。同时也是盆栽的良好材料。

(3) 白花三叶草。

拉丁名:Trifolium repens

别名:白三叶、白花三叶草、白车轴草、白三草、车轴草、荷兰翅摇

科属:豆科,车轴草属。

形态特征:多年生草本,茎匍匐,无毛,茎长 30～60 cm。掌状复叶有 3 小叶,小叶倒卵形或倒心形,长 1.2～2.5 cm,宽 1～2 cm,栽培的叶长可达 5 cm,宽达 3.8 cm,顶端圆或微凹,基部宽楔形,边缘有细齿,表面无毛,背面微有毛,托叶椭圆形,顶端尖,抱茎。荚果倒卵状椭圆形,有 3～4 种子;种子细小,近圆形,黄褐色。花期 5 月,果期 8～9 月,如图 6-6 所示。

生长习性:白花三叶草喜欢温凉、湿润的气候,最适生长温度为 16～

图 6-6　白花三叶草

25 ℃,适应性比其他三叶草广,适应亚热带的夏季高温,在东北、新疆地区有雪覆盖时,均能安全越冬。较耐荫,在部分遮荫条件下生长良好。对土壤要求不高,耐贫瘠、耐酸,最适排水良好、富含钙质及腐殖质的黏质土壤,不耐盐碱、不耐旱。

应用:白花三叶草根系发达,为水土保持的良好植物。而且它还有地面覆盖度好,花期长的特点,观赏效果也很好。另外,它也是优良的牧草。

(4)阔叶麦冬。

拉丁名:Liriope palatyphylla

别名:沿阶草、麦门冬、阔叶山麦冬、阔叶土麦冬。

科属:百合科,麦冬属。

形态特征:多年生常绿草本。叶丛生,窄长线形,长 15～40 cm,宽 1.5～4 mm。花葶比叶短,长 7～15 cm,总状花序穗状,顶生,小苞片膜质,每苞片腋生 1～3 朵花,花梗略弯曲下垂,常于近中部以上有关节;花被片 6,披针形,淡紫色或白色,雄蕊 6,花丝极短。果实浆果状,球形,熟后暗蓝色。花期 5～8 月,果期 7～9 月,如图 6-7 所示。

图 6-7 阔叶金边麦冬

生长习性:习性喜温暖、湿润环境。雨量充沛,无霜期长,麦冬生长良好。较耐寒,在零下 10 ℃气温下不致冻死,在南方能露地越冬。

应用:作地被成片栽种或边缘种植均可,宜与假山或岩石搭配。因叶丛和花葶较高,栽在路边时宜与路沿保持一定距离。

二、绿篱材料

绿篱在景观设计中应用较多,主要用于隔断、装饰,一般分为常绿绿篱、花篱和果篱。

1. 常绿绿篱

常绿绿篱由常绿灌木或小乔木组成,一般修剪成规则式。

(1)法国冬青。

拉丁名:Viburnum odoratissimum Ker-Gawl

别名:珊瑚树。

科属:忍冬科,荚蒾属。

形态特征:树冠倒卵形,枝干挺直,树皮灰褐色,皮孔圆形。叶对生,长椭圆形或倒披针形,边缘波状或具有粗钝齿,表面暗绿色,背面淡绿色,终年苍翠欲滴。圆锥状伞房花序顶生,花白色,钟状,有香味。花期 5～6 月,果期 10 月,如图 6-8 所示。

图 6-8 法国冬青

生长习性：在长江流域及以南地区栽培历史悠久，喜温暖湿润气候。在潮湿肥沃的中性壤土中生长旺盛，酸性和微酸性土均能适应，喜光也耐阴。根系发达，萌芽力强，特耐修剪，极易整形。

应用：法国冬青一年四季枝繁叶茂，遮蔽效果好，又耐修剪，因此是制作绿篱的上佳材料。

（2）大叶黄杨。

拉丁名：Euonymus japonicus

别名：冬青卫矛、正木、扶芳树、四季青、七里香、日本卫矛。

科属：卫矛科，卫矛属。

形态特征：小枝近四棱形。叶片革质，表面有光泽，倒卵形或狭椭圆形，长 3～6 cm，宽 2～3 cm，顶端尖或钝，基部楔形，边缘有细锯齿，叶柄长约 6～12 mm。花绿白色，4 数，5～12 朵排列成密集的聚伞花序，腋生。蒴果近球形，有 4 浅沟，直径约 1 cm。花期 6～7 月，果熟期 9～10 月，如图 6-9 所示。

图 6-9 大叶黄杨

生长习性：大叶黄杨为温带及亚热带树种，产自我国中部及北部各省，栽培十分普遍，日本也有分布。喜光，也较耐荫。喜温暖湿润气候也较耐寒。要求肥沃疏松的土壤，极耐修剪整形。

应用：大叶黄杨叶色光亮，嫩叶鲜绿，极耐修剪，为庭院中常见绿篱树种。可经整形环植门旁道边，或作花坛中心栽植。

（3）小叶女贞。

拉丁名：Ligustrum quihoui Carr.

别名：小叶冬青、小白蜡、棟青、小叶水蜡树

科属：木犀科，女贞属。

形态特征：落叶或半常绿灌木，高 2～3 m，枝条铺散，小枝具短柔毛。叶薄革质，椭圆形至倒卵状长圆形，无毛，顶端钝，基部楔形，全缘，边缘略向外反卷；叶柄有短柔毛。圆锥花絮，长 1.5～5.0 cm，花白色，芳香，无梗，花冠裂片与筒部等长，花药超出花冠裂片。核果宽椭圆形，紫黑色。花期4～7 月，果期 9～10 月，如图 6-10 所示。

生长习性：喜光照，稍耐荫，较耐寒，华北地区可露地栽培，对二氧化

图 6-10 小叶女贞

硫、氯等毒气有较好的抗性。性强健,耐修剪,萌发力强。

应用:主要作绿篱栽植;其枝叶紧密、圆整,庭院中常栽植观赏;抗多种有毒气体,是优良的抗污染树种,为景观绿化中重要的绿篱材料。

(4)石楠。

拉丁名:Photinia serrulata Lindl.

别名:石楠千年红、扇骨木。

科属:蔷薇科,石楠属。

形态特征:常绿小乔木,高可达4~6 m,树冠球形,干皮块状剥落。幼枝绿色或灰褐色,光滑。单叶互生,厚革质,长椭圆形至倒卵状椭圆形,长9~22 cm,宽3~6.5 cm。花两性,花部无毛,花白色,冠径6~8 mm,雄蕊20枚,内外两轮,与花瓣近等长。梨果,球形,径5~6 mm,熟时红色,后变紫红,光亮。花期4~5月,果熟10月,如图6-11所示。

图6-11 石楠

生长习性:喜温暖湿润的气候,抗寒力不强,喜光也耐荫,对土壤要求不严,以肥沃湿润的砂质土壤最为适宜,萌芽力强,耐修剪,对烟尘和有毒气体有一定的抗性。

应用:树冠圆整,叶片光绿,初春嫩叶紫红,春末白花点点,秋日红果累累,极富观赏价值,是著名的庭院绿化树种,抗烟尘和有毒气体,且具隔音功能。叶根可入药。南方地区常用作嫁接枇杷的砧木。

(5)海桐。

拉丁名:Pittosporum tobira(Thunb.)Ait.

别名:山矾花、七里香。

科属:海桐花科,海桐花属。

形态特征:常绿灌木或小乔木,高达3 m。枝叶密生,树冠聊。叶多数聚生枝顶,单叶互生,有时在枝顶呈轮生状,厚革质狭倒卵形,长5~12 cm,宽1~4 cm,表面亮绿色,新叶黄嫩。花白色或带黄绿色,芳香,花柄长0.8~1.5 cm。蒴果近球形,有棱角,长达1.5 cm,初为绿色,后变黄色,成熟时3瓣裂,果瓣木质。种子鲜红色,有黏液。花期5月,果熟期9~10月,如图6-12所示。

图6-12 海桐

生长习性:温暖湿润的海洋性气

候,喜光,也较耐荫。对土壤要求不严,黏土、沙土、偏碱性土及中性土均能适应,萌芽力强,耐修剪。

应用:在气候温暖的地方,是理想的花坛造景树,或造园绿化树种,尤其是适合种植于海滨地区。多做房屋基础种植和绿篱。

(6) 洒金桃叶珊瑚。

拉丁名:Aucuba japonicaVariegata

别名:洒金东瀛珊瑚、花叶青木。

科属:山茱萸科,桃叶珊瑚属。

形态特征:为桃叶珊瑚的栽培变种,常绿灌木。小枝粗圆。叶对生,革质,暗绿色,有光泽。叶面散生大小不等的黄色或淡黄色斑点。雌雄异株,3~4月开花,花紫色,圆锥花序顶生。浆果状核果短椭圆形,11月成熟,成熟时鲜红色,如图6-13所示。

生长习性:极耐阴,夏日阳光暴晒时可能会引起灼伤而焦叶。喜湿润、排水良好的肥沃的土壤。不甚耐寒。对烟尘和大气污染的抗性强。

图6-13 洒金桃叶珊瑚

应用:洒金桃叶珊瑚是十分优良的耐阴树种,特别是它的叶片黄绿相映,十分美丽,宜栽植于园林的庇荫处或树林下。在华北多见盆栽供室内布置厅堂、会场用。

2. 花篱

花篱是用开花植物栽植、修剪而成的一种绿篱。

(1) 金丝桃。

拉丁名:Hypericum monogynum

别名:圣约翰草。

科属:藤黄科,金丝桃属。

形态特征:半常绿小灌木,小枝纤细且多分枝,叶纸质、无柄、对生、长椭圆形,花期6~7月,此花不但花色金黄,而且其呈束状纤细的雄蕊花丝也灿若金丝,惹人喜爱。是人们很乐于栽培的花木之一,如图6-14所示。

生长习性:此花原产我国中部及南部地区,常野生于湿润溪边或半阴的山坡下,喜温暖湿润气候,较耐寒,对土壤要求不严,在一般的土壤中均能较好地生长。

图6-14 金丝桃

应用:金丝桃枝叶清秀,花色鹅黄,形似桃花,雄蕊纤细,灿若金丝,是重要的夏季观花树种。

（2）栀子花。

拉丁名：Gardenia jasminoides

别名：木丹、鲜支、卮子、越桃、水横枝、山栀花、黄鸡子、黄荑子、黄栀子、黄栀、山黄栀、玉荷花。

科属：茜草科，栀子属。

形态特征：常绿灌木或小乔木，高100～200 cm，植株大多比较低矮。干灰色，小枝绿色，叶对生或主枝轮生，倒卵状长椭圆形，长 5～14 cm，表面翠绿有光泽，花单生枝顶或叶腋，白色，浓香，花期 6～8 月，果熟期 10 月，如图 6-15 所示。

图 6-15　栀子花

生态习性：栀子性喜温暖湿润气候，不耐寒，好阳光但又不能经受强烈阳光的照射，适宜在稍蔽荫处生活，适宜生长在疏松、肥沃、排水良好、轻黏性酸性土壤中，是典型的酸性花卉。

应用：栀子花叶色四季常绿，花芳香素雅，绿叶白花，格外清丽可爱。适合做花篱，也适用于阶前、池畔和路旁配置，还可用作盆栽观赏，花还可做插花和佩带装饰。

（3）紫叶小檗。

拉丁名：Berberis thunbergii

别名：贵州小檗、日本小檗、酸醋溜、刺刺溜、刺黄连、刺黄柏

科属：小檗科，小檗属。

形态特征：落叶小灌木，小枝多红褐色，有沟槽，具短小针刺，刺不分叉，单叶互生，叶片小型，倒卵形或匙形，叶片常年紫红，光滑无毛，背面灰绿，有白粉，两面叶脉不显，入秋叶色变红，如图 6-16 所示。

生长习性：喜光，稍耐阴，但紫叶小檗在光照下最好，否则叶色不佳，耐寒，对土壤要求不严。萌芽力强，耐修剪。

图 6-16　紫叶小檗

应用：紫叶小檗枝细密而有刺。春季开小黄花，入秋则叶色变红，果熟后也红艳美丽，是良好的观果、观叶和刺篱材料。景观中与常绿树种作块面色彩布置，效果较佳。红叶小檗可广泛应用于街道、庭院、公园等处，是景观绿化的重要色相材料。

（4）红花继木。

拉丁名：Lorpetalum chinense（R. Br.）Oliv. var. rubrum Yieh

别名:红桎木、红檵花。

科属:檵木属,金缕梅科。

形态特征:常绿灌木或小乔木。嫩枝被暗红色星状毛。叶互生,革质,卵形,全缘,嫩枝淡红色,越冬老叶暗红色。花4~8朵簇生于总状花梗上,花瓣4枚,淡紫红色,带状线形。蒴果木质,倒卵圆形。花期4~5月,果期9~10月,如图6-17所示。

生长习性:喜光,稍耐阴,但阴时叶色容易变绿。适应性强,耐旱。喜温暖,耐寒冷。萌芽力和发枝力强,耐修剪。耐瘠薄,但适宜在肥沃、湿润的微酸性土壤中生长。

图6-17 红花继木

应用:红花继木常年叶色鲜艳,枝盛叶茂,特别是开花时瑰丽奇美,极为夺目,是花、叶俱美的观赏树木。常用于花篱、色块布置或修剪成球形,也是制作盆景的好材料。

(5) 杜鹃。

拉丁名:Rhododendron simsii Planch.

别名:杜鹃花、红杜鹃、映山红、艳山红、艳山花、清明花

科名:杜鹃花科

形态特征:落叶灌木,高约2 m,枝条、苞片、花柄及花等均有棕褐色扁平的糙伏毛。叶纸质,卵状椭圆形,长2~6 cm,宽1~3 cm,顶端尖,基部楔形,两面均有糙伏毛,背面较密。花2~6朵簇生于枝端,花萼5裂,裂片椭圆状卵形,长2~4 mm,花冠鲜红或深红色,宽漏斗状,长4~5 cm,5裂,上方1~3裂片内面有深红色斑点,雄蕊7~10,花丝中部以下有微毛,花药紫色,子房及花柱近基部有糙伏毛,柱头头状。蒴果卵圆形,长约1 cm,有糙伏毛。花期4~5月,果熟期10月,如图6-18所示。

生长习性:杜鹃性喜凉爽、湿润、通风的半阴环境,既怕酷热又怕严寒。

图6-18 杜鹃

应用:杜鹃花宛若红霞,适宜片植林下作耐阴下木,也适合做观赏性花篱。

3. 果篱

果篱由果实鲜艳有观赏价值的灌木组成,秋季结果,一般不作大修剪。

(1) 阔叶十大功劳。

拉丁名:Mahonia forunei

别名:黄天竹、土黄柏、刺黄芩猫儿刺。

科名:小檗科。

形态特征:常绿灌木,高达 4 m。根、茎断面黄色、味苦。羽状复叶互生,长 30～40 cm 叶柄基部扁宽抱茎,小叶 7～15,厚革质,广卵形至卵状椭圆形,长 3～14 cm,宽 2～8 cm,熟时蓝黑色,有白粉。花期 3～4 月,果期 10～11 月,如图 6-19 所示。

生长习性:十大功劳属于暖温带植物,具有较强的抗寒能力,不耐暑热,喜排水良好的酸性腐殖土,极不耐碱,较耐旱,怕水涝,在干燥的空气中生长不良。播种、扦插和分株法繁殖。

图 6-19　阔叶十大功劳

应用:枝叶苍劲,黄花成簇,是庭院花境,果篱的好材料。也可丛植、孤植或盆栽。

(2) 南天竹。

拉丁名:Nandina domestica Thunb.

别名:天竺,南天竺,竺竹,南烛,南竹叶,红杷子、蓝天竹、木兰竺。

科名:小檗科,南天竹属。

形态特征:株高约 2 m。直立,少分枝。老茎浅褐色,幼枝红色。茎直立,少分枝,幼枝常为红色。叶互生,常集于叶鞘;小叶 3～5 片,椭圆披针形,长 3～10 cm。夏季开白色花,大形圆锥花序顶生。浆果球形,熟时鲜红色,偶有黄色,直径 0.6～0.7 cm,含种子 2 粒,种子扁圆形。花期 5～6 月,果熟期每年 10 月到来年 1 月,如图 6-20 所示。

生长习性:喜温暖多湿及通风良好的半阴环境,较耐寒,能耐微碱性土壤。

图 6-20　南天竹

应用:南天竹树姿秀丽,翠绿扶疏。红果累累,圆润光洁,是常用的观叶、观果植物,无论地栽、盆栽还是制作盆景,都具有很高的观赏价值。

(3) 火棘。

拉丁名:Pyracantha fortuneana

别名:火把果、救军粮。

科属:蔷薇科。

形态特征：侧枝短刺状；叶倒卵形，长 1.6～6 cm，复伞房花序，有花 10～22 朵，花直径 1 cm，白色；花期 3～4 月；果近球形，直径 8～10 mm，成穗状，每穗有果 10～20 余个，桔红色至深红色，甚受人们喜爱。9 月底开始变红，一直可保持到春节。是一种极好的春季看花、冬季观果植物。适作中小盆栽培，或在园林中丛植、孤植草地边缘，如图 6-21 所示。

生长习性：喜强光，耐贫瘠，抗干旱，黄河以南露地种植，华北需盆栽，塑料棚或低温温室越冬，温度可低至 0～5℃或更低。

图 6-21 火棘

应用：在庭院中作绿篱及基础种植材料，也可丛植或孤植于草地边缘或园路转角处。

（4）构骨。

拉丁名：Ilex cornuta

别名：鸟不宿、猫儿刺、猫儿刺、构骨冬青。

科属：冬青科，冬青属。

形态特征：常绿灌木或小乔木，高 3～4 m，最高可达 10 m 以上。树皮灰白色，平滑不裂；枝开展而密生。叶硬革质，矩圆形，长 4～8 cm，宽 2～4 cm，顶端扩大并有 3 枚大尖硬刺齿，中央一枚向背面弯，基部两侧各有 1～2 枚大刺齿，表面深绿而有光泽，背面淡绿色。花小，黄绿色，簇生于 2 年生枝叶腋。核果球形，鲜红色，径 8～10 mm，具 4 核。花期 4～5 月；果 9～10(11)月成熟，如图 6-22 所示。

生长习性：喜光，稍耐荫；喜温暖

图 6-22 构骨

气候及肥沃、湿润而排水良好之微酸性土壤，耐寒性不强；颇能适应城市环境，对有害气体有较强抗性。

应用：枝叶稠密，叶形奇特，深绿光亮，入秋红果累累，经冬不凋，鲜艳美丽，是良好的观叶、观果树种，也是很好的绿篱（兼有果篱、刺篱的效果）及盆栽材料，选其老桩制作盆景也饶有风趣。果枝可瓶插，经久不凋。

三、花坛花境材料

花坛是在一定范围内按照整形式或半整形式的图案栽植观赏植物，以表现花卉群体美的景观设施。

花坛的分类方式，按其形态可分为立体花坛和平面花坛两类。平面花坛又可按构图形式分为规则式、自然式和混合式 3 种。按观赏季节可分为春花坛、夏花坛、秋花坛和冬花坛。按栽植材料可分为一、两年生草花坛、球根花坛、水生花坛、专类花坛，如菊花坛、翠菊花坛等。按表现形式可分为：花丛花坛，是用中央高、边缘低的花丛组成色块图案，以表现花卉的色彩美；绣花式花坛或模纹花坛，以花纹图案取胜，通常是以矮小的具有色彩的观叶植物为主要材料，不受花期的限制，并适当搭配些花朵小而密集的矮生草花，观赏期特别长。按花坛的运用方式可分为单体花坛、连续花坛和组群花坛。现在又出现了移动花坛，它是由许多盆花组成，适用于铺装地面和装饰室内。

花坛用草花宜选择株形整齐、多花性、开花齐整而花期长、花色鲜明、能耐干燥、抗病虫害和矮生性的品种。常用的有金鱼草、雏菊、金盏菊、翠菊、鸡冠花、石竹、矮牵牛、一串红、万寿菊、三色堇、百日草等。按季节可以归纳为：春季有金盏菊、瓜叶菊、虞美人、金鱼草、美女樱等；夏季有月季、鸡冠花、玉簪、半支莲、牵牛花等；秋季有菊花、长春花、一串红、彩叶草、万寿菊；冬季有羽衣甘蓝、三色堇、樱草等。

花境是一种以树丛、树群、绿篱、矮墙或建筑物为背景的带状自然式花卉布置方式。

花境的花卉配置要求整体构图完整，色彩、姿态与数量的调和与对比要相协调，一年中有季节变化，维护省工。

下面介绍几种常见的花坛花境植物：

1. 羽衣甘蓝

拉丁名：Brassica Oleracea var. acephala

别名：叶牡丹、牡丹菜、花包菜、绿叶甘蓝等。

科属：十字花科，芸薹属。

形态特征：二年生草本，为食用甘蓝（卷心菜、包菜）的园艺变种。栽培一年植株形成莲座状叶丛，经冬季低温，在第二年开花、结实。花期 4～5 月，虫媒花，果实为角果，扁圆形，种子圆球形，褐色，如图 6-23 所示。

生长习性：羽衣甘蓝喜冷凉温和气候，耐寒性很强，喜冷凉气候，极耐寒，可忍受多次短暂的霜冻，耐热性也很强，生长势强，栽培容易，喜阳光，耐盐碱，喜肥沃土壤。生长适温为 20～25 ℃，种子发芽的适宜温度为 18～25 ℃。较耐阴，但充足的光照叶片生

图 6-23　羽衣甘蓝

长快速，品质好。采种的植株要在长日照下抽薹开花。对水分需求量较大，干旱缺水时叶片生长缓慢，但不耐涝。对土壤适应性较强。

应用：观赏羽衣甘蓝由于品种不同，叶色丰富多变，叶形也不尽相同，叶缘有紫红、绿、红、粉等颜色，叶面有淡黄、绿等颜色，广泛应用于花钵、花坛、花境。

2. 矮牵牛

拉丁名：Petunia hybrida Vilm

别名:碧冬茄、灵芝牡丹、毽子花、矮喇叭、番薯花、撞羽朝颜。

科属:茄科,碧冬茄属。

形态特征:园艺品种极多,按植株性状分有,高性种、矮性种、丛生种、匍匐种、直立种;按花型分有,大花(10～15 cm 以上)、小花、波状、锯齿状、重瓣、单瓣;按花色分有,紫红、鲜红、桃红、纯白、肉色及多种带条纹品种(红底白条纹、淡蓝底红脉纹、桃红底白斑条等)。商业上常根据花的大小以及重瓣性将矮牵牛分为大花单瓣类、丰花单瓣类、多花单瓣类、大花重瓣类、重瓣丰花类、重瓣多花类和其他类型,如图 6-24 所示。

图 6-24　矮牵牛

生长习性:喜温暖和阳光充足的环境。不耐霜冻,怕雨涝。它生长适温为 13～18 ℃,冬季温度在 4～10 ℃,如低于 4 ℃,植株生长停止。夏季能耐 35 ℃以上的高温。夏季生长旺期,需充足水分。属长日照植物,生长期要求阳光充足,在正常的光照条件下,从播种至开花约需 100 天左右。

应用:可以广泛用于花坛布置、花槽配置、景点摆放、窗台点缀。

3. 三色堇

拉丁名:Viola tricolor L.

别名:三色堇菜、蝴蝶花、人面花、猫脸花、阳蝶花、鬼脸花。

科属:堇菜科,堇菜属。

形态特征:一、两年生或多年生草本,高 10～40 cm。地上茎较粗,直立或稍倾斜,有棱,单一或多分枝。花大,直径约 3.5～6 cm,每个茎上有 3～10 朵,通常每花有紫、白、黄三色,上方花瓣深紫堇色,侧方及下方花瓣均为三色,有紫色条纹,花期 4～7 月,如图 6-25 所示。

图 6-25　三色堇

生长习性:较耐寒,喜凉爽,在昼温 15～25 ℃,夜温 3～5 ℃的条件下发育良好。昼温若连续在 30 ℃以上,则花芽消失,或不形成花瓣。日照长短比光照强度对开花的影响大,日照不良,开花不佳。为多年生花卉,常作两年生栽培。

应用:三色堇是冬、春季节优良的花坛材料,因为适应性强、耐粗放型管理,可以盆栽供人们欣赏。

4. 万寿菊

拉丁名：Tagetes erecta

别名：臭芙蓉、万寿灯、蜂窝菊、臭菊花、蝎子菊。

科属：菊科，万寿菊属。

形态特征：一年生草本植物。株高60～100 cm，全株具异味，茎粗壮，绿色，直立。单叶羽状全裂对生，裂片披针形，具锯齿，上部叶时有互生，裂片边缘有油腺，锯齿有芒，头状花序着生枝顶，径可达10 cm，黄或橙色，总花梗肿大，花期8～9月，如图6-26所示。

图6-26　万寿菊

生长习性：喜阳，中等耐寒，可忍耐－3～－5 ℃的低温。耐干旱。喜疏松肥沃的砂质壤土。在湿润、通风良好的环境中表现更为优异。分枝性强，不需摘心。开花早，花期长。低温利于花芽的形成和开花。气候温和地区可全年生长。

应用：万寿菊花大色艳，花期长，管理粗放，是草坪点缀花卉的主要品种之一，主要表现在群体栽植后的整齐性和一致性，也可供人们欣赏其单株艳丽的色彩和丰满的株型。

5. 鸢尾

拉丁名：Iris tectorum Maxim

别名：紫蝴蝶、蓝蝴蝶、乌鸢、扁竹花、扇把草。

科属：鸢尾科，鸢尾属。

形态特征：多年生宿根性直立草本，高约30～50 cm。根状茎匍匐多节，粗而节间短，浅黄色。叶为渐尖状剑形，宽2～4 cm，长30～45 cm，质薄，淡绿色，呈二纵列交互排列，基部互相包叠。春至初夏开花，总状花序1～2枝，每枝有花2～3朵；花蝶形，花冠蓝紫色或紫白色，径约10 cm，变种有白花鸢尾，花白色，外花被片基部有浅黄色斑纹，如图6-27所示。

生长习性：寒性较强，按习性可分为四类，要求适度湿润，排水良好，富含腐殖质、略带碱性的黏性土壤；生于沼泽土壤或浅水层中；生于浅水中；喜阳光充足，气候凉爽，耐寒力强，也耐半阴环境。

应用：鸢尾是庭园中的重要花

图6-27　鸢尾

卉之一,也是优美的盆花、切花和花坛用花。其花色丰富,花型奇特,是花坛及庭院绿化的良好材料,也可用作地被植物。

6. 八仙花

拉丁名:Hydrangea macrophylla (Thunb.) Seringe

别名:绣球、斗球、草绣球、紫绣球、紫阳花、阴绣球、圆八仙花。

科属:虎耳草科,八仙花属。

形态特征:落叶灌木,高 3～4 m;小枝光滑,老枝粗壮,有很大的叶迹和皮孔。八仙花的叶大而对生,浅绿色,有光泽,呈椭圆形或倒卵形,边缘具钝锯齿。八仙花花球硕大,顶生,伞房花序,球状,有总梗。每一簇花,中央为可孕的两性花,呈扁平状,外缘为不孕花,每朵具有扩大的萼片四枚,呈花瓣状。八仙花初开为青白色,渐转粉红色,再转紫红色,花色美艳,如图 6-28 所示。

图 6-28 八仙花

生长习性:八仙花原产于我国和日本。喜温暖、湿润和半阴环境。八仙花的生长适温为 18～28 ℃,冬季温度不低于 5 ℃。八仙花花期 6～7 月,每簇花可开两月之久。

应用:是一种既适宜庭院、花坛栽培,又适合盆栽观赏的理想花木。

7. 玉簪

拉丁名:Hosta plantaginea Aschers

别名:玉春棒、白鹤花、玉泡花、白玉簪。

科属:百合科,玉簪属。

形态特征:宿根草本。株高 30 cm～50 cm。叶基生成丛,卵形至心状卵形,基部心形,叶脉呈弧状。总状花序顶生,高于叶丛,花为白色,管状漏斗形,浓香。花期 6～8 月。同属还有开淡紫、堇紫色花的紫萼、狭叶玉簪、波叶玉簪等,如图 6-29 所示。

生活习性:原产中国及日本,性强健,耐寒冷,性喜阴湿环境,不耐强烈日光照射,要求土层深厚、排水

图 6-29 玉簪

良好且肥沃的砂质壤土。

应用：玉簪是较好的阴生植物，在景观中可用于树下作地被植物，或植于岩石园或建筑物北侧，也可盆栽观赏或作切花用。

8. 美人蕉

拉丁名：Canna indica

别名：大花美人蕉、红艳蕉等。

科属：美人蕉科，美人蕉属。

形态特征：多年生球根草本花卉。株高可达 100～150 cm，根茎肥大；地上茎肉质，不分枝。茎叶具白粉，叶互生，宽大，长椭圆状披针形。花径可达 20 cm，花色有乳白、鲜黄、橙黄、桔红、粉红、大红、紫红、复色斑点等 50 多个品种。花期北方 6～10 月（北方），南方全年，如图 6-30 所示。

图 6-30 美人蕉

生活习性：喜温暖和充足的阳光，不耐寒。要求土壤深厚、肥沃，盆栽要求土壤疏松、排水良好。生长季节经常施肥。北方需在下霜前将地下块茎挖起，储藏在温度为 5 ℃左右的环境中。因其花大色艳、色彩丰富，株形好，栽培容易。露地栽培的最适温度为 13～17 ℃。对土壤要求不严，在疏松肥沃、排水良好的沙壤土中生长最佳，也适应于肥沃黏质土壤生长。

应用：常丛植或片植于园林绿地、花坛中心、花境、街道花池、庭院、公路、建筑物旁或草坪边缘等公共场所，较矮生的品种也可盆栽用于节日摆放，组成花坛。

9. 美丽月见草

拉丁名：Oenothera speciosa

别名：晚樱草、待霄草。

科属：柳叶菜科，月见草属。

形态特征：二年生，株高 1～1.5 m，全株具毛，分枝开展，花黄色，径约 4～5 cm，花白至粉红色，花径达 8 cm 以上，5～10 月花开不断，如图 6-31 所示。

生长习性：耐寒，耐贫瘠，喜光，忌积水，花期 6～9 月。播种秋季或春季育苗。种子播种后，土壤要保持湿润，播种后 10～15 天左右，种子即可萌发。适应性强，耐酸耐旱，对土壤要求不严。

图 6-31 美丽月见草

应用：开花美丽，夜晚开放，香气宜人，适于点缀夜景，应用于庭园、花坛均很适宜。配合其他绿化材料。可用于庭院沿边布置或假山石隙点缀，也适合作大片地被花卉。

四、乔木造景材料

乔木是指树身高大的树木，由根部发生独立的主干，树干和树冠有明显区分。

乔木的分类方法很多，这里按照乔木的园林用途可将乔木分为孤植树类、行道树类和防护树类。

1. 孤植树类

孤植树是指乔木孤立种植的类型,在景观的功能上,一是单纯作为构图艺术上的孤植树;二是作为景观中庇荫和构图艺术相结合的孤植树。

孤植树主要表现植株个体的特点,突出树木的个体美,如奇特的姿态,丰富的线条、浓艳的花朵、硕大的果实等。因此,在选择树种时,孤植树应选择那些具有枝条开展、姿态优美、轮廓鲜明、生长旺盛、成荫效果好、寿命长等特点的树种,如银杏、槐树、榕树、香樟、悬铃木、白桦、无患子、枫杨、七叶树、雪松、云杉、桧柏、枫香、元宝枫、鸡爪槭、红枫、乌桕、樱花、紫薇、梅花、广玉兰、柿树等。

2. 行道树类

行道树在城市道路绿化与园林绿化中起着骨架作用。行道树分为常绿和落叶两大类。行道树的主要标准是树形整齐,枝叶茂盛,冠大荫浓,树干通直,花、果、叶无异味,无毒无刺激,繁殖容易,生长迅速,移栽成活率高,耐修剪,养护容易,对有害气体抗性强,病虫害少,能够适应当地环境条件。

在同一条道路上行道树的高度必须一致,株距要根据品种确定,一般距离为 5 m～8 m,苗木的胸径一般为 8～10 cm。在不同种类的道路及道路的不同位置,选择的行道树也有不同。例如,高速路双向车道中间可选择黄杨株形的种类,以减少对面车灯的干扰,路口处为确保安全、避免阻挡视线,要选择分支高的树种,道路最外侧,为防尘降噪,可选择不同株形多层组合。常见的行道树树种包括玉兰、银杏、悬铃木和栾树等。

3. 防护树类

防护树种是为了保持水土、防风固沙、涵养水源、调节气候、减少污染而建成的天然树林和人工树林,是以防御自然灾害、维护基础设施、保护生产、改善环境和维持生态平衡等为主要目的的森林群落。它是中国林种分类中的一个主要林种。在防风、固沙方面,枝干坚韧,根系延伸较广,耐旱、耐埋,具有降低风速、防止流沙侵袭作用,树种有栎树类、柯树、罗汉松、樟树、山茶、榉树、竹类、白蜡、沙枣等。

五、垂直绿化材料

垂直绿化植物主要是指应用在花架、廊架和顶棚构筑物的植物材料,一般选常绿、矮小、浅根的花灌木和攀援类植物。

1. 扶芳藤

学名:Euonymus fortunei(Turcz.)Hand.-Mazz

分类:卫矛科,卫矛属。

形态特征:常绿、半常绿灌木,半直立至匍匐;变种爬行卫矛为匍匐至攀援藤本。叶对生卵形或广椭圆形,革质,浓绿色。枝条上有细密微突气孔,能随处生根。5～6月开花,聚伞花序,绿白色。蒴果淡黄紫色,果期为 10～11 月,如图6-32 所示。

图 6-32 扶芳藤

生长习性：喜湿润，喜温暖，较耐寒，耐阴，不喜阳光直射。

应用：扶芳藤生长旺盛，终年常绿，其叶入秋变红，是庭院中常见地面覆盖植物，点缀墙角、山石、老树等，极为出色。其攀援能力不强，不适宜作立体绿化（变种爬行卫矛则可）。

2. 常春藤

学名：CaulisHederaeSinensis

别名：土鼓藤、钻天风、三角风、爬墙虎、散骨风、枫荷梨藤。

科名：五加科，常春藤属。

形态特征：常绿攀援藤本。茎枝有气生根，幼枝被鳞片状柔毛。叶互生，2裂，革质，宽3～8 cm，先端渐尖，基部楔形，全缘或3浅裂；花枝上的叶椭圆状卵形或椭圆状披针表，长5～12 cm，宽1～8 cm，先端长尖，基部楔形，全缘。伞形花序单生或2～7个顶生；花小，黄白色或绿白色，花5数；子房下位，花柱合生成柱状。果圆球形，浆果状，黄色或红色。花期5～8月，果期9～11月，如图6-33所示。

生长习性：附于阔叶林中树干上或沟谷阴湿的岩壁上。

应用：在庭院中可用以攀缘假山、岩石，或在建筑阴面作垂直绿化材料。在华北宜选小气候良好的比较荫凉环境栽植。也可盆栽供室内绿化观赏用。

图6-33 常春藤

3. 凌霄

学名：Campsis grandiflora

别名：紫葳、女藏花、凌霄花。

科属：紫葳科、凌霄属。

形态特征：落叶藤本，长达10余米。茎上有攀缘的气生根，攀附于其他物上。树皮灰褐色，小枝紫色。叶对生，奇数羽状复叶，小叶7～9枚。卵形，有锯齿，无毛。顶生聚伞花序或圆锥花丛，花冠漏斗状，唇形五裂，鲜红色或桔红色，花期7～8月。蒴果长如豆荚，种子多数扁平，果实10月成熟，如图6-34所示。

图6-34 凌霄

生长习性：性喜阳、温暖湿润的环境，稍耐荫。喜欢排水良好土壤，较耐水湿，并有一定的耐盐碱能力。

应用：凌霄生性强健，枝繁叶茂，入夏后朵朵红花缀于绿叶中次第开放，十分美丽，可植于假山等处，也是廊架绿化的上好植物。

4. 蔷薇

学名：Rosa spp

别名：野蔷薇、刺蘼、刺红、买笑、雨薇。

科名:蔷薇科。

形态特征:落叶灌木。植株丛生,蔓延或攀援,小枝细长,不直立,多被皮刺,无毛。多花簇生组成圆锥状聚伞花序,花多朵,花径 2~3 cm。花瓣 5 枚,先端微凹,野生蔷薇为单瓣,也有重瓣栽培品种。花有红、白、粉、黄、紫、黑等色,红色居多,黄蔷薇为上品,具芳香。每年开花一次,花期 5~6 月。果近球形,红褐色或紫褐色,径约 6 mm,光滑无毛,如图 6-35 所示。

图 6-35 蔷薇

生长习性:喜阳光,亦耐半阴,较耐寒,对土壤要求不严,耐干旱,耐瘠薄,不耐水湿,忌积水,耐修剪,抗污染。

应用:可用于垂直绿化,布置花墙、花门、花廊、花架、花格、花柱、绿廊、绿亭,点缀斜坡、水池坡岸,装饰建筑物墙面或植花篱。

六、水生植物

水生植物指那些能够长期在水中正常生活的植物。水生植物是出色的游泳运动员或潜水者。它们常年生活在水中,形成了一套适应水生环境的本领。部分水生植物的叶子柔软而透明,有的形成为丝状。丝状叶可以大大增加与水的接触面积,使叶子能最大限度地得到水里很少能得到的光照和吸收水里溶解得很少的二氧化碳,保证光合作用的进行。水生植物另一个突出特点是具有很发达的通气组织,孔眼与孔眼相连,彼此贯穿形成为一个输送气体的通道网。这样,即使长在不含氧气或氧气缺乏的污泥中,仍可以生存下来。通气组织还可以增加浮力,维持身体平衡,这对水生植物也非常有利。

根据生活习型的不同可以将水生植物分为:挺水植物、浮叶植物、沉水植物和自由漂浮植物。挺水植物常见的有:荷花、菖蒲(见图 6-36)、水葱、香蒲、芦苇等。浮叶植物常见的有:睡莲、王莲、菱、荇菜、田字苹等。沉水植物常见的有:黑藻、金鱼藻、苦草、菹草、狐尾藻等。自由漂浮植物常见的有:凤眼莲(见图 6-37)、大漂、水鳖、满江红、槐叶萍等。

图 6-36 菖蒲

图 6-37 凤眼莲

第二节　水　体

一、水体景观概述

1. 水体特点

水作为一种晶莹剔透、洁净清新、柔媚又强韧的自然物质，以其特有的形态及所蕴含的哲理思维，不仅早已进入了我国文化艺术的各个领域，如诗文、绘画、音乐、戏曲等方面，而且也已成为景观艺术中不可缺少的、最富魅力的一种景观要素。

水无形，因此可以用水泵给予动力，塑造出各种各样的造型或水花，在石阶处创造一道道水幕；水无色，但在阳光的照射下却能显得五光十色；水透明，也因此它在灯光的修饰下显得魅力四射，在玻璃或金属材料的衬托下显得扑朔迷离。

不同的水体构筑物可以产生不同的水景；以水环绕建筑物可产生水乡情趣；亭榭浮于水面，恍若神阁仙境；建筑物小品、雕塑立于水中可作为引导、标志及点缀，如图 6-38 所示。

不仅如此，景观中的水还具有调节小气候、灌溉和养育树木花草（尤其水生植物）、养鱼、创造美妙的流水声等诸多优点。水的声音能进入我们的灵魂深处，这种声音可能是轻柔的拍打声，可能是涓涓的细流声，可能是微风过后的涟漪声，也可能是惊涛骇浪的巨大声响。无论是哪种声音，都能表现出人类灵魂对生命、和平及和谐的基本需要。

图 6-38　水景（一）

2. 水体在景观中的作用

水是景观设计中重要的自然造景元素，也经常是点睛之笔。水因为其柔性和形态多样，在设计时比较难把握，在水景建成之后也必须经常性地维护，因此，在设计过程中对水元素的运用必须谨慎进行。

水体有大小、主次之分。规划设计时就做到创造出大湖面、小水池、沼、潭、港、湾、滩、渚、溪等不同的水体，并组织构成完整的体系。另外，水有平静的、流动的、跌落的和喷涌的四种基本形式，反映了水从源头（喷涌状）到过渡的形式（流动状或跌落状）、到终结运动（平静状）的一般趋势，如图 6-39、图 6-40 所示。在水景设计中也可利用这种运动过程创造水景系列。在过程中往往不止使用一种，可以一种形式为主，其他形式为辅，或以几种形式相结合的办法来实现。下面介绍景观中常见的水景形式：

（1）湖、池。一般来说，较大的水面往往是城市河湖水系的一部分，这样的水面可以用来开展水上活动，有的蓄洪排涝、调节小气候、提高空气湿度、净化空气、利于环境卫生，还可以供给灌溉、养鱼和消防用水及种植水生植物。湖池大多按自然式布置，水岸曲折多变，沿岸因境设景，在我国古典园林和现代景观中，湖池常常作为景观构图中心，景观中观赏的水面空间面积不大时,适合以聚为主,大面积的水面可以分隔,广阔的水面虽有"烟波浩渺"之感,但容易显得单调贫乏,所以在景观中常将大水面划分成几个不同的空间,情趣各异,形成丰富的景观层次,如杭州的西湖、北京的颐和园昆明湖等。另外,山水相连,相互掩映,即所谓的"模山范水",也是大水面设计时常用的手法。

图 6-39　水景(二)

(2)岛。我国自古以来就有东海仙岛的神话传说,导致了不少皇帝派人东渡求仙,也构成了中国古典园林一池三山即蓬莱、方丈、瀛州的传统格局。由于岛会给人们带来神秘感,在现代景观的水体中也常聚土为岛,植树点亭或建造专业园在岛上,如无锡鼋头渚公园、南京玄武湖公园等,这样既划分了水域空间,又增加了层次的变化,还增添了游人的探求情趣,尤其在较大的水面中,可以打破水面的单调感。其次,从水面观岛,岛可作为一个景点设置,又可起障景作用,另外,岛上眺望可遍览周围景色,是一个绝好的观赏点,可见于水中设岛也是增添园林景观的一个重要手段。

(3)堤。堤可将较大的水面分割成若干个不同意境的水域空间。景观中的堤多为直堤,曲堤较少。为了便于水上交通和沟通各水域空间,堤上常设桥,若堤长则桥多,桥的大小和形式多有变化,堤在水面偏于一侧,这样可以将水面划分成大小不同、主次分明、风景各异的水域。可在堤上植树,增加分割的效果,长堤上植物的花叶色彩,水平与垂直的线条,能使景色形成韵律,如杭州西湖的苏堤、白堤等。

图 6-40　水景(三)

(4)溪涧。在自然界中,泉水由山上集水而下,至平缓时,流淌而前,形成溪涧水景。一般溪浅而阔,涧狭而深,在景观中应选适当之处设置溪涧,溪涧就左右弯曲,萦回于岩石山谷间,或环绕亭榭,或穿岩入洞,有分有合,有收有放,形成大小不同的水面或宽容各异的水流。溪流宜随地形变化,形成跌水或瀑布,落水处还可构成深潭幽谷。所以溪涧应力求创造出多变的水形,水流有缓有急,缓时潺潺流水洗石而过,急时激浪花石间潜流,使得溪涧水体富于忽急忽缓,忽陷忽现,忽聚忽散的形态变化,加之悦耳的水声及参差的石岸、覆盖的土坡、配置的花木等,都大大加深了游人在视听上的感受,从而更易触动其思想,诱发其情感,升华其情趣。为了再现自然,古人在庭园中利用山石流水创造溪涧的景色,如无锡寄畅园的八音涧,北京颐和园的玉琴峡等,都是仿效自然而创造的精品。

（5）瀑布。瀑布是优美的动态水景，天然的大瀑布气势磅礴，予人以"飞流直下三千尺，疑是银河落九天"之艺术感染，景观中只能仿其意境，通常的做法是将石山叠高，山下面建池做潭，水自然高处泻下，激石喷溅，俨然有飞流直下三千尺之势，瀑布由最基本的五个部分组成：上游水流、落水口、瀑身、受水潭、下游泄水，一般主要欣赏其瀑身的景色，其形式有帘瀑、挂瀑、叠瀑、飞瀑等到。瀑布景观欣赏应留有一定的距离，其旁的景物起点缀烘托作用，不应喧宾夺主。

（6）喷泉。喷泉是人工构筑的整开或天然泉池，以喷射优美的水开取胜，多分置在建筑物前、广场中央、主干道交叉口等处，为使喷泉线条清晰，常以深色景物为背景。在景观中，喷泉常为局部构图中心，它常以水池、彩色灯光、雕塑、花坛等组合在景。喷泉的景观非常优美，而现代喷泉的喷头是形成千姿百态水景的重要因素之一，喷泉的形成多种多样，有蒲公英形、球形、涌泉形、扇形、莲花形、牵牛花形、雪松形、直流水柱形等。近年来随着光、电、声波及自控装置在喷泉上的运用，已有音乐喷泉和间歇喷泉、激光喷泉等到新形式出现，更加丰富了游人在视、听上的双重美感。如西安大雁塔前广场的喷泉群，非常雄伟壮观。

（7）驳岸。在景观中的水面要有湖岸线，防止地面被淹，要维持地面和水面的固定关系。同时驳岸也是景观的组成部分，须在实用的前提下注意美观，使之与周围的景观协调。一般驳岸有土基草坪护坡、沙砾卵石护坡、自然山石驳岸、钢筋混凝土驳岸、木桩护岸等。

（8）闸坝。闸坝是控制水流出入某段水体的工程构筑物，主要作用是蓄水和泄水，设于水体的进水口和出水口。水闸分为进水闸、节制水闸、分水闸、排洪闸等。水坝有土坝（草坪或铺石护坡）、石坝（滚水坝、阶梯坝、分水坝等）、橡皮坝（可充水、放水）等，如图6-41所示。

总之，平静的水在室外环境中能起到倒影景物的作用，一平如镜的水使环境产生安宁和沉静感，流动的水

图6-41　水景（四）

则表现环境活泼和充满生机感，而喷泉以其特有的惊喜性主导着景观的焦点。水的特性是其本身的形体和变化依赖于外在的因素，所以在设计时，就首先从容体的大小、高度、和容体的底部及坡度等到方面着手，另外还要注意阳光、风和温度这些不能加以控制的因素的影响。适度巧妙地运用水的这些特性，能使室内外环境增加活力与乐趣。

3. 水体应用实例

人们固有亲水的本性，景观设计师也在努力地满足人们的这一需求。但是，南北地域的地理位置的差异造成的资源和气候的差异，引发了各种水景建造中的问题，需要格外重视。

我们一般把景观设计中的水分为静水和动水两类，根据特征又分为静止的湖塘式水景、流淌的溪流式水景、跌落的瀑布式水景、喷射的喷泉式水景。

不同形式的水景给人带来视觉上的美学效果是不同的，在设计中也有不同的处理方式。

1）湖塘式水景

湖塘式水景是相对静止的水景,有自然水塘和人工水池两种,营造一种让人们身心都能得到放松的环境,同时强调水景的参与性。

（1）要合理安排湖塘式水景的位置,尽量使水景处于环境的较低处,因为当水塘位置高于周围时会对较低的地面产生一种不适的压迫感.

（2）驳岸是亲水景观中应重点处理的部位,驳岸与水线形成的连续景观线能否与环境相协调,直接关系到水景效果是否独到或人性化。

（3）不能涉水的水塘中要多饲养观赏鱼虫和水生植物,营造动植物互生互养的生态环境,达到美化环境和调节小气候双重作用。

（4）供涉水游玩的水池,造型很重要,池边尽可能设计成优美的曲线,以加强水的动感,提高观赏价值。

2）溪流式水景

溪流是提取了山水园林中溪涧景色的精华,再现于城市景观之中,居住区里的溪涧是回归自然的真实写照。

（1）溪流的形态应根据环境条件、水量、流速、水深、水面宽和所用材料进行合理的设计。

（2）适当增大溪流宽度和曲折度,可使水景在视觉上更为开阔和丰富。

（3）溪流水岸宜采用散石和块石,并与水生或湿地植物的配置相结合,减少人工造景的痕迹。

3）瀑布式水景

瀑布主要是利用地形高差和砌石形成的小型人工瀑布,瀑布跌落有很多形式,不同的形式表达不同的特点。

（1）人工瀑布多模仿自然景观,采用天然石材或仿石材设置瀑布背景,考虑到观赏效果,不宜采用平整饰面的白色花岗岩作为落水墙体。

（2）人工瀑布因其落水口处的山石卷边或强面坡面处理不同,会产生不同的视觉和听觉效果,因此在设计时要特别注意。

4）喷泉式水景

喷泉是西方园林中常见的景观,利用动力驱动水流,根据喷射的高度、速度、方向、水花等创造出不同的喷泉状态。在设计中需要注意:

（1）控制水的流量,对水的射流控制是关键环节。

（2）注意喷泉与其他形式水景的组合设计,能突出喷泉的焦点,获得相得益彰的效果。

二、喷泉材料

喷泉是一种将水或其他液体经过一定压力通过喷头喷洒出来具有特定形状的组合体,提供水压的一般为水泵。景观中的喷泉,一般是为了造景的需要,人工建造的具有装饰性的喷水装置。喷泉可以湿润周围空气,减少尘埃,降低气温。喷泉的细小水珠同空气分子撞击,能产生大量的负氧离子。因此,喷泉有益于改善城市面貌和增进居民身心健康。喷泉景观概括来说可以分为两大类:一是因地制宜,根据现场地形结构,仿照天然水景制作而成,如壁泉、涌泉、雾泉、管流、溪流、瀑布、水帘、跌水、水涛、漩涡等;二是完全依靠喷泉设备人工造景,这类水景近年来在建筑领域广泛应用,发展速度很快,种类繁多,有音乐喷泉、程控喷泉、摆动喷泉、跑动喷泉、光亮喷泉、游乐喷泉、超高喷泉、激光水幕电影等。

1. 喷泉类型

人工造就的喷泉,有 7 种景观类型:

(1) 水池喷泉。这是最常见的形式。设计水池,安装喷头、灯光、设备。停喷时,是一个静水池。

(2) 旱池喷泉。喷头等隐于地下,适用于让人参与的地方,如广场、游乐场。停喷时是场中一块微凹地坪,缺点是水质易污染。

(3) 浅池喷泉。喷头置于山石、盆栽之间,可以把喷水的全范围做成一个浅水盆,也可以仅在射流落点之处设几个水钵。美国迪斯尼乐园有座间歇喷泉,由 A 定时喷一串水珠至 B,再由 B 喷一串水珠至 C,如此不断循环跳跃下去,周而复始。

(4) 舞台喷泉。常见于影剧院、跳舞厅、游乐场等场所,有时作为舞台前景、背景,有时作为表演场所和活动内容。

(5) 盆景喷泉。常为家庭、公共场所的摆设,大小不一,此种以水为主要景观的设施,不限于“喷”的水姿,而易于吸取高科技成果,做出让人意想不到的景观。

(6) 自然喷泉。喷头置于自然水体之中。

(7) 水幕影像。上海城隍庙的水幕电影,由喷水组成 10 余米宽、20 余米长的扇形水幕,与夜晚天际连成一片,电影放映时,人物驰骋万里,来去无影。

2. 喷头

喷泉设计中喷头的选择很重要。常见的喷头形式有直流型、半球型、涌泉型、旋转型和雪松型等。在水景中广泛使用各种类型的喷头,以生成形态各异的水景,如图 6-42 所示。

目前,国内生产的喷头在质量上存在极大的差异,与国外同类产品比较,其中最大的问题不仅是外观、而是存在于设计质量之中。有时由厂家提供的喷头使用参数,就与实际运行数值相去甚远。水景观工程对喷头的最大要求是水形美观,射流平滑稳定。但是国内多数产品的射流不是发散强烈就是百花齐发。即使是同一批产品,其水形质量也极不稳

图 6-42　喷头

定,除了国产喷头由于生产规模小、机械加工精度不足的原因以外,根本问题是水景观专用喷头设计中没有完善的设计理论和设计依据。

在实际使用中,应注意各种喷头的特性。一般水膜喷头的抗风性较差,不宜在室外有风的场合使用,而射吸式喷头如雪松或涌泉对水位变化较为敏感,使用时不但要注意水位变化,还要在池体设计上有相应的抑制波浪的措施。如设置较长的溢流堰或水下挡浪墙。但是,也有利用波浪共振这一水力现象建成脉动喷泉的,由规律的波浪涌动使水流喷射有规律地跳跃、高低变化。目前也有许多高技术喷泉设备用于水艺景观中。光亮泉和跳泉的射流非常光滑稳定,外观如同玻璃棒一样,可以准确落在受水孔中。跳泉可以在计算机控制下,生成可变化长度的水射流,可以喷出大小可控的光滑水球。它们都极具趣味性,令人过目难

忘。大型音乐喷泉中所使用的各种高技术喷头和水下运动音乐喷泉中所使用的各种高技术喷头,其水下运动机械及控制部件,也是种类繁多。

水景水位的控制对喷泉效果是极为重要的。例如,雪松喷头、涌泉等射吸式喷头,对水位的变化十分敏感。水位稍有升降,喷泉高度及水形就会产生很大的变化。为此,应有可靠的自动补水装置和溢流管路,较好的做法是采用独立的水位平衡水池和液压式水位控制阀,并采用足够直径的联通管与水景水池连接。若放在室外,应对水位平衡井进行伪装,如外形做成大树根或假石山等,北方地区还应充分考虑防冻问题。溢流管路应设置在水位平衡井中,由于平衡井一般加顶盖,也可屏蔽溢流和补水噪音。

3. 管道材质

管道按材质大类可分为钢管、塑料管、合金管和铸铁管等。钢管特点是强度高,但易被腐蚀,塑料管特点是抗腐蚀能力强,价格低于钢管,但强度偏低。铸铁管抗腐蚀能力和强度在钢管与塑料管之间,但由于其容易发生脆化引发工程事故而逐渐在工程领域被淘汰。使用水泥材料的管子有混凝土管、石棉水泥管、水泥衬里管。水与管壁接触部分的腐蚀都是出于同一机理:水泥管中的碱性物质溶解或被水中酸性物质分解,从而引起水的碱化,导致水质污染,使水质恶化。玻璃钢管对防渗层树脂有明确的要求,要无毒、防渗、耐磨,厚度宜2mm。防渗层应采用价格较贵的间苯性不饱和聚酯树脂,但有的厂家采用价格较低的邻苯性不饱和聚酯树脂,厚度也相当薄,倘若此层出现裂纹,纤维极易浸入水中。较早的工程一般采用热镀锌钢管,但存在许多不足之处。钢管在使用一段时间后,表面锈蚀,影响美观,且使用寿命较混凝土结构短一倍以上。较好的管材是铜管和不锈钢管,但造价较高。UPVC管材可避免锈蚀,但存在耐候性差且光直接照射加速变色老化等问题,若将其暗埋在池底板下(北方使用时注意布设坡度并在低端设放空阀,冬季需排水防冻),而在裸露部分采用铜或不锈钢管材,应是较为经济合理的解决办法。在无日光直射条件下,UPVC管的使用寿命可达50年。在实际的水体工程中,可结合当地城市水网合理地选择管材。

4. 水泵

水泵是借动力设备和传动装置或利用自然能源将水由低处升至高处的水力机械,如图6-43所示。广泛应用于农田灌溉、排水以及农牧业、工矿企业、城镇供水、排水等方面。用于农田排灌、农牧业生产过程中的水泵称为农用水泵,是农田排灌机械的主要组成部分之一。根据不同的工作原理可分为容积水泵、叶片泵等类型。容积泵是利用其工作室容积的变化来传递能量,主要有活塞泵、柱塞泵、齿轮泵、隔膜泵、螺杆泵等类型。叶片泵是利用回转叶片与水的相互作用来传递能量,有离心泵、轴流泵和混流泵等类型。潜水电泵的泵体部分是叶片泵。其他类型的水泵有射流泵、水锤泵、内燃水泵等,分别利用射流水锤和燃料爆燃的原理进行工作。水轮泵则是水轮机与叶片泵的结合。

目前许多水景工程为节省建筑面积或降低工程造价,采用无需

图6-43 水泵

泵房的潜水泵作水力提升设备。但是,目前我国(包括国外)的一些潜水泵,其可靠性均大大低于干式离心泵。因个别潜水泵损坏,水景经常产生局部缺陷,造型不完整。一旦水泵绝缘层破坏,将导致水体带电,从而造成人员伤亡事件。若采用离心泵,则使管道长度需增大,需设置泵房,使水景观造价增加许多。所以,研制高可靠性潜水泵是降低水景工程造价的一大关键。在维护条件方面,离心泵也有着潜水泵无法比拟的优势。若要保持水景观长期可靠运行,应选离心泵。但要注意在使用离心泵时必须设置漏电保护开关,同时水泵应设可靠重复接地,池体钢筋网也应等电位接地,严格遵守建筑电气及施工规范设计。

三、雾森材料

1. 冷雾喷泉

冷雾喷泉也称人造雾、淡淡的水雾,简单地说就是人工造雾系统。高压系统将常温的水以细微的水粒喷出,直径极小的微粒在空气中云集,形成了白色云雾状的奇特景观,颇似自然雾气的效果,犹如"雾的森林",如图6-44所示。冷雾系统是由冷雾喷头(见图6-46)、冷雾耐高压输送管道及冷雾主机等三大部份组成。

图 6-44　人造雾景观

雾森主机由控制装置、水处理装置、高压装置、自动检测及故障自动排除装置4大项组成。人造雾工作原理如图6-45所示。

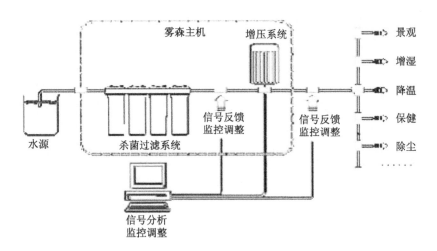

图 6-45　人造雾工作原理

(1)雾森系统的控制装置。该装置采用编程系统,内设时间和程序控制,可根据实际的要求,对其进行工作运转周期的设定,其变化将是极其丰富的,可在事先的程序设定指挥下,进行规律或不规律的变化,系统启止的自动切换,雾形自动组合等等。减少了人工操作和维护,真正实现无人值守。

（2）水处理装置。水源在不同程度上都含有各种不同的杂质，不同的地区，水质也不尽相同。由于天然水源的水质和系统对水质的要求存在着不同程度的差距，所以通过先进的水处理技术，使原来含有多种杂质的天然水变为符合要求的专业用水。

（3）高压装置。通过高压装置设备，对泵站的高压出口处压力表进行调拨定位，控制调节出水压力，从而达到雾森系统所需要的水源压力标准，保证雾森效果。

（4）自动检测及故障自动排除装置。该装置集监控、管理、保护为一体，自动化程度高、性能比高、可靠性高。对投入运行的设备进行状态监视，及时检测并实时数据管理、故障显示。为便于维修，都具备自动检测与故障定位功能，并进入计算机网，计算机自动对流程启、停及设备故障信号进行报警。

图 6-46　人造雾喷头

2. 雾屏

雾屏主要由水雾构成成像介质，能够直接感触到且可以穿越的投影成像系统，如图 6-47 所示。雾屏实现的方法类似于投影，但不需要任何屏幕帮助，"雾幕"主要借助空气中存在的微粒，让静态或动态的图象显示在一个很薄的空气层中，人们可以从中穿过而不影响图像的展示。

图 6-47　雾屏

雾屏是由雾屏发生器所产生，它可以在需要时随时出现或片刻消失，就像开关一个电灯一样方便。雾屏发生器（见图 6-48），可以安装在房间的天花板上，雾屏可以设置在任何空间，不会增加任何障碍，真正实现了人们幻想的像魔术一样从屏幕穿过。可以将雾屏当作传统的屏幕使用，展示商品、广告促销、形象宣传；也可以利用它忽隐忽现、神秘诱人的特性开发一些令人称奇的展示项目。在迷茫的雾屏上，放映如幻似真的神话故事。将带给观众前所未有的视听体验。雾屏技术可广泛用于科技馆、博物馆、展览馆、机场、商场、娱乐场所、企业展厅和家

图 6-48　雾屏设备

庭等领域，从内容到形式都是展示技术的伟大创新，是杰出的视觉展示艺术产品。

四、水体水质净化材料

较大的水体或对水质观感要求较高的场所，必须有水质处理系统。目前水景所用水源大多数为自来水，少数以较为清洁的天然水体或地下水为水源。我国是一个缺水国，多数城市用水紧张，如何节省水资源又保持景观水质，越来越成为一个重要课题。现在较为普遍的倾向是采用中水再处理后作为水景观的水源。

景观水质首先要求清澈无色无异味。水景观如果没有良好的水质作保证，就谈不上美感。为此，在夏季日照正常的地区，一般 7～15 天需换水清理一次。其原因一方面是尘土飘落导致浊度升高；另一方面是因为藻类滋生使浊度与色度影响观感，以至达到感官难以接受

的程度。

研究表明,当水中总磷浓度超过 0.015 mg/L、氮浓度超过 0.3 mg/L 时,藻类便会大量繁殖,从而成为水质恶化的首要原因。抑制藻类有效的方法一般是向水中投加硫酸铜,但效果并不显著。问题的根本解决,仍是如何去除氮和磷。以优质杂排水为水源,在经过比较完善的中水处理之后,应再增加处理流程,以降低水中氮、磷浓度,就可以较好地解决这一问题。

对于控制藻类,可重点去除水中的磷。去除磷的方法有生物法、氧化法、化学沉淀法以及物理膜处理方法等。其中投资和运转费用最低的是生物法,但在水景旁建造一座生物处理构筑物一般是不可能的。因为生物处理有气味散发,同时也难于管理,因而采用化学沉淀法较为现实。该法的作用原理是向水中投加金属离子,使其与磷酸根形成可沉淀物而去除磷。较为常用的药剂有石灰、明矾、聚铝和硫酸亚铁等。由于铁盐会增加水的色度,应以铝盐为好。

第三节 水体设计应用与施工技法

各种水景工程,一般由以下几个方面构成:土建池体、管道阀门系统、动力水泵系统、灯光照明系统等,由此组成了一个完整的水景施工系统。水景的建造方式可以用预制模体、防渗膜或者混凝土等多种材料构筑,营造形式各异,有能带来淙淙水声的小溪、源源不断的瀑布、各种形式的水池,以及容器型水池和室内水景。此外,还需要营造水景必需的水泵、过滤器、灯光等设备。

下面以一个水池设计为案例,通过平面图、剖面图结合分析,了解水池的一般工程做法,以及水体循环与面层材料的选择的关系。图 6-49 为一个水池设计平面图,图上标明了水池旁铺地、踏步、压顶和水池底铺面的材质,图 6-50~图 6-52 为水景剖面图,在图中标明了管道、喷水口的位置,确定了水体设计的深度。景观中较多的是水体池体及驳岸设计,一般常见的景观水池深度均为 0.6~0.8 m,这样做法的原因是要保证吸水口的淹没深度,并且池底为一个整体的平面,也便于池内管路设备的安装施工和维护。池壁顶面应可供游人坐下休息,池壁顶面距地面高度一般为 0.30~0.45 m,除人工湖外,水面以高于地面为宜。若水面水位较低,便会有如临深潭的感觉。只有在为体现亲水特点的浅蝶形池体设计时,才采用吸水坑或泵坑。潜水泵坑或水泵吸水口则只需局部加深以满足吸水条件,泵坑表面可设置篦子,即可遮蔽设备又可作为格栅以阻止大颗粒杂质吸入。从美观的角度出发,池表面应尽量减少外露的管道设备,尤其是垂直设置的溢流管口,它会在水面上升时产生很大的排水吸气声。

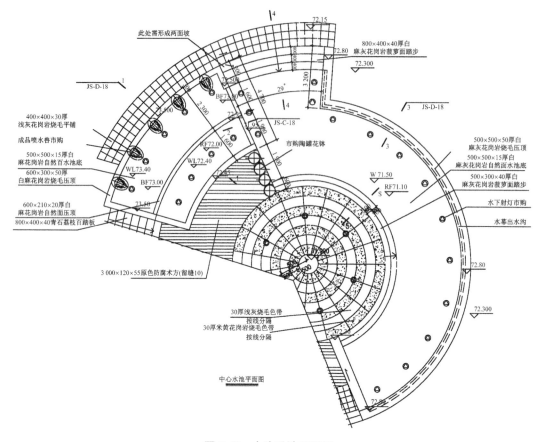

图 6-49　水池设计平面图

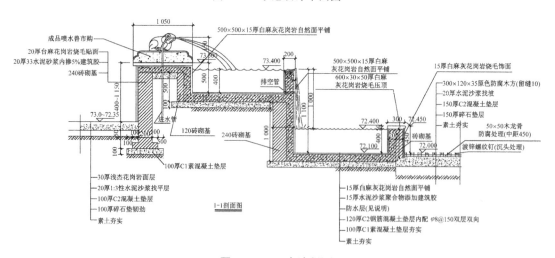

图 6-50　1-1 水池剖面

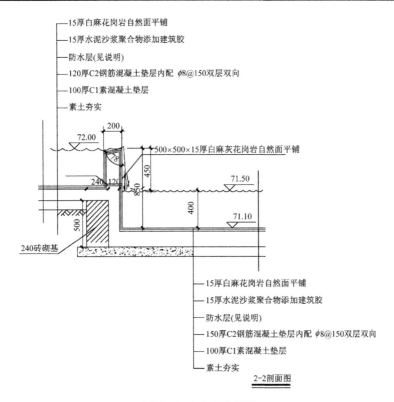

图 6-51　2-2 水池剖面

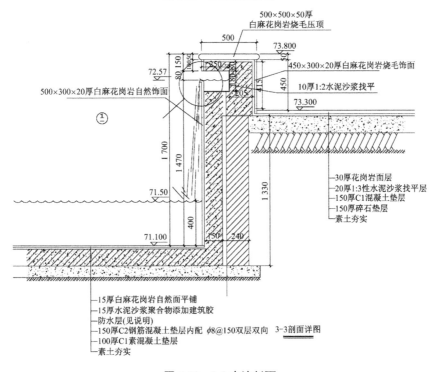

图 6-52　3-3 水池剖面

学习小结

本章主要了解软质景观材料。植物着重于了解,从使用的角度如何分类,需要掌握不同的类别常用哪些植物材料;水体在景观设计中,一般包括哪些形式,需要掌握喷泉和雾森设计中需要哪些材料,选择时需要注意哪些问题。

思考题

(1) 植物作为软质景观材料,从使用上可分为哪几类?

(2) 绿篱大致可分为哪三类? 各包括哪些植物材料?

(3) 防护性树种包括哪些?

(4) 常见的花坛植物有哪些?

(5) 常见的喷头形式有哪几种?

第七章 景观其他材料与景观设备材料

本章概述:本章主要介绍除主要景观材料以外的其他材料以及景观设备材料。这里介绍的景观其他材料包括涂料、玻璃、景观照明灯具、塑胶和张拉膜等,在景观设计中应用较少,主要了解这些材料的基本特性和应用方式。景观设备材料主要是在景观设计中起到辅助功能的材料。

第一节 涂 料

涂料,在中国传统中称为油漆。比较权威的《涂料工艺》一书是这样定义的:"涂料是一种材料,这种材料可以用不同的施工工艺涂覆在物件表面,形成黏附牢固、具有一定强度、连续的固态薄膜。这样形成的膜通称涂膜,又称漆膜或涂层。"早期大多以植物油为主要原料,所以被叫做"油漆"。不论是传统的以天然物质为原料的涂料产品,还是现代发展中的以合成化工产品为原料的涂料产品,都属于有机化工高分子材料,所形成的涂膜属于高分子化合物类型。按照现代通行的化工产品的分类,涂料属于精细化工产品。现代的涂料正在逐步成为一类多功能性的工程材料,是化学工业中的一个重要行业。

一、涂料的组成

涂料主要由 4 部分组成:成膜物质、颜料、溶剂、助剂。

(1)成膜物质。这是涂料的基础,它对涂料和涂膜的性能起决定性的作用,它具有黏结涂料中其他组分形成涂膜的功能。可以作为成膜物质使用的物质品种很多,当代的涂料工业主要使用树脂。树脂是一种无定型状态存在的有机物,通常指高分子聚合物。过去,涂料使用天然树脂为成膜物质,现代则广泛应用合成树脂,如醇酸树脂、丙烯酸树脂、氯化橡胶树脂、环氧树脂等。

(2)颜料。这是有颜色的涂料(色漆)的一个主要的组分。颜料使涂膜呈现色彩,使涂膜具有遮盖被涂物体的能力,以发挥其装饰和保护作用。有些颜料还能提供诸如提高漆膜机械性能、提高漆膜耐久性、提供防腐蚀、导电、阻燃等性能。颜料按来源可以分为天然颜料和合成颜料,按化学成分分为无机颜料和有机颜料,按在涂料中的作用可分为着色颜料、体质颜料和特种颜料。涂料中使用最多的是无机颜料,合成颜料使用也很广泛,现在有机颜料的发展也很快。

(3)溶剂。它能将涂料中的成膜物质溶解或分散为均匀的液态,以便于施工成膜,当施工后又能从漆膜中挥发至大气中。原则上溶剂不构成涂膜,也不应存留在涂膜中。很多化学品包括水、无机化合物和有机化合物都可以作为涂料的溶剂组分。现代的某些涂料中开发应用了一些溶剂,它们既能溶解或分散成膜物质为液态,又能在施工成膜过程中与成膜物质发生化学反应形成新的物质而存留在漆膜中,被称为反应活性剂或活性稀释剂。溶剂有的是在涂料制造时加入,有的是在涂料施工时加入。

(4)助剂。它也称为涂料的辅助材料组分,但不能独立形成涂膜,在涂料成膜后可以作为涂膜的一个组分而在涂膜中存在。助剂的作用是对涂料或涂膜的某一特定方面的性能起改进作用。不同品种的涂料需要使用不同作用的助剂,即使同一类型的涂料,由于其使用的目的、方法或性能要求的不同,也需要使用不同的助剂。一种涂料中可使用多种不同的助剂,以发挥其不同作用,例如消泡剂、润湿剂、防流挂、防沉降、催干剂、增塑剂、防霉剂等。

二、涂料的分类

涂料发展到今天,可以说是品种繁多,用途十分广泛,性能各异。涂料的分类方法很多,通常有以下几种分类方法:

(1) 按涂料的形态可分为水性涂料、溶剂性涂料、粉末涂料、高固体分涂料等。

(2) 按施工方法可分为刷涂涂料、喷涂涂料、辊涂涂料、浸涂涂料、电泳涂料等。

(3) 按施工工序可分为底漆、中涂、漆(二道底漆)、面漆、罩光漆等。

(4) 按功能可分为装饰涂料、防腐涂料、导电涂料、防锈涂料、耐高温涂料、保温涂料、隔热涂料等。

(5) 按用途可分为建筑涂料、罐头涂料、汽车涂料、飞机涂料、家电涂料、木器涂料、桥梁涂料、塑料涂料和纸张涂料等。

(6) 按部位不同,油漆主要分为墙漆、木器漆和金属漆。墙漆包括了外墙漆、内墙漆和顶面漆,主要类型是乳胶漆;木器漆主要有硝基漆、聚氨脂漆等;金属漆主要是磁漆。

(7) 按状态不同,油漆又可分为水性漆和油性漆。乳胶漆是主要的水性漆,而硝基漆、聚脂氨漆等多属于油性漆。

(8) 按功能不同,油漆又分为很多种,如防水漆、防火漆、防霉漆、防蚊漆以及同时具有多种功能的多功能漆等。

(9) 按作用形态又可分为挥发性漆和不挥发性漆。

(10) 按表面效果上来分,又可分为透明漆、半透明漆和不透明漆。未来涂料的发展方向是硅丙涂料。

三、涂料的功能

涂料对于被施用的对象来说,它的第一个用途是保护表面;第二个用途是修饰作用。就木制品来说,由于木制品表面属多孔结构,不耐脏污。同时木制品的表面多节眼,不够美观,而涂料就能同时解决这方面的问题。许多景观小品、构筑物表面都需要涂料。归结一下,涂料的功能主要有以下几点:

(1) 保护功能包括防腐、防水、防油、耐化学品、耐光、耐温等。物件暴露在大气之中,受到氧气、水分等的侵蚀,造成金属锈蚀、木材腐朽、水泥风化等破坏现象。在物件表面涂以涂料,形成一层保护膜,能够阻止或延迟这些破坏现象的发生和发展,使各种材料的使用寿命延长。所以,保护作用是涂料的一个主要作用。

(2) 装饰功能能突出物体的颜色、光泽、图案和平整性等。不同材质的物件涂上涂料,可得到五光十色、绚丽多彩的外观,起到美化人类生活环境的作用,对人类的物质生活和精神生活做出不容忽视的贡献。

(3) 其他功能如标记、防污、绝缘等。对现代涂料而言,这种作用与前两种作用比较越来越显示其重要性。现代的一些涂料品种能提供多种不同的特殊功能,如:电绝缘、导电、屏蔽电磁波、防静电产生等作用;防霉、杀菌、杀虫、防海洋生物黏附等生物化学方面的作用;耐高温、保温、示温和温度标记、防止延燃、烧蚀隔热等热能方面的作用;反射光、发光、吸收和反射红外线、吸收太阳能、屏蔽射线、标志颜色等光学性能方面的作用;防滑、自润滑、防碎裂飞溅等机械性能方面的作用;还有防噪声、减振、卫生消毒、防结露、防结冰等各种不同作用等。随着国民经济的发展和科学技术的进步,涂料将在更多方面提供和发挥各种更新的特种功能。

四、涂料的品种

1. 木器漆

(1)硝基清漆。硝基清漆是一种由硝化棉、醇酸树脂、增塑剂及有机溶剂调制而成的透明漆,属挥发性油漆,具有干燥快、光泽柔和等特点。硝基清漆分为亮光、半亚光和亚光三种,可根据需要选用。硝基漆也有其缺点,高湿天气易泛白,丰满度低,硬度低。

(2)聚酯漆。它是用聚酯树脂为主要成膜物制成的一种厚质漆。聚脂漆的漆膜丰满,层厚面硬。聚脂漆同样拥有清漆品种,叫聚脂清漆。

聚脂漆施工过程中需要进行固化,固化剂的份量占了油漆总份量三分之一。这些固化剂也称为硬化剂,其主要成分是甲苯二异氰酸酯(toluene diisocyanate,简称TDI)。这些处于游离状态的TDI会变黄,不但使木器漆面变黄,同样也会使邻近的墙面变黄,这是聚脂漆的一大缺点。目前市面上已经出现了耐黄变聚脂漆,但也只能做耐黄而已,还不能做到完全防止变黄的情况。另外,超出标准的游离TDI还会对人体造成伤害。游离TDI对人体的危害主要是致敏和刺激作用,包括造成疼痛流泪、结膜充血、咳嗽胸闷、气急哮喘、红色丘疹、斑丘疹、接触性过敏性皮炎等症状。国际上对于游离TDI的限制标准是控制在0.5%以下。

(3)聚氨酯漆,即聚氨基甲酸酯漆。它漆膜强韧,光泽丰满,附着力强,耐水耐磨、耐腐蚀性。被广泛用于高级木器家具,也可用于金属表面。其缺点主要有遇潮起泡、漆膜粉化等问题,与聚脂漆一样,它同样存在着变黄的问题。聚氨脂漆的清漆品种称为聚氨脂清漆。

2. 内墙漆

内墙漆主要可分为水溶性漆和乳胶漆。一般装修采用的是乳胶漆。乳胶漆即是乳液性涂料,按照基材的不同,分为聚醋酸乙烯乳液和丙烯酸乳液两大类。乳胶漆以水为稀释剂,是一种施工方便、安全、耐水洗、透气性好的的漆种,它可根据不同的配色方案调配出不同的色泽。乳胶漆的制作成分中基本上由水、颜料、乳液、填充剂和各种助剂组成,这些原材料不含毒性。就乳胶漆而言,可能含毒的主要是成膜剂中的乙二醇和防霉剂中的有机汞。

3. 外墙漆

外墙乳胶漆基本性能与内墙乳胶漆差不多,但漆膜较硬,抗水能力更强。外墙乳胶漆一般使用于外墙,也可以使用于洗手间等高潮湿的地方。当然,外墙乳胶漆也可以内用,但不要尝试将内墙乳胶漆外用。

4. 防火漆

防火漆是由成膜剂、阻燃剂、发泡剂等多种材料制造而成的一种阻燃涂料。由于目前家居中大量使用木材、布料等易燃材料,所以,防火已经是一个需要引起注意的问题了。

5. 景观用涂料

仿瓷涂料和钢化涂料是景观中常用的涂料。

仿瓷涂料又称瓷釉涂料,是一种装饰效果酷似瓷釉饰面的建筑涂料。由于组成仿瓷涂料主要成膜物的不同,可分为以下两类:

(1)溶剂型树脂类。其主要成膜物是溶剂型树脂,包括常温交联固化的双组分聚氨酯树脂、双组分丙烯酸-聚氨酯树脂、单组分有机硅改性丙烯酸树脂等。这些成膜物加颜料、溶剂、助剂,就可配制成的瓷白、淡蓝、奶黄、粉红等多种颜色的带有瓷釉光泽的涂料。其涂膜光亮、坚硬、丰满,酷似瓷釉,具有优异的耐水性、耐碱性、耐磨性、耐老化性,并且附着力极强。

(2)水溶型树脂类。其主要成膜物为水溶性聚乙烯醇,加入增稠剂、保湿助剂、细填料、增硬剂,就可配制而成的。其饰面外观较类似瓷釉,用手触摸有平滑感,多以白色涂料为主。因采用刮涂抹涂施工,涂膜坚硬致密,与基层有一定黏结力,一般情况下不会起鼓、起泡,如果在其上再涂饰适当的罩光剂,耐污染性及其他性能都有提高。由于该类涂料涂膜较厚,不耐水,施工较麻烦,属限制使用产品。

钢化涂料也是景观中常用的一种涂料,主要具有以下特点:

(1)墙面钢化涂料无毒,无污染,不会危害人们的身体健康,完全去除了传统涂料如溶剂型涂料、聚氨酯涂料等含有大量危害人体健康的有毒物质——甲醛、苯类等物质的存在。

(2)墙面钢化涂料具有多种功能,如防虫、防腐、防辐射、防紫外线、隔音阻燃等,而传统涂料功能则较为单一。

(3)墙面钢化涂料的各项性能指标更趋合理,如光洁度、硬度、防潮透气性能、耐湿擦性能、耐热性能、附着力、抗冻性等,比传统涂料有质的突破和飞跃。

(4)墙面钢化涂料使用寿命一般长达15～20年,远远长于传统涂料5年左右的使用寿命。

除此以外,还有一种地坪漆,主要用于室内外水泥地面装饰。

五、涂料与油漆的区别

一般把涂在物体表面,使其美观或防蚀的物质称为涂料,如油漆、煤焦油等,英语解释为 Coating:A layer of a substance spread over a surface for protection or decoration(覆盖在物体表面上用于保护或装饰的一层物质)。

油漆为涂料的旧名,泛指油类和漆类涂料产品,在具体的涂料品种命名时常用"漆"字表示"涂料",例如调和漆、底漆、面漆等,英语解释为 Paint:A liquid mixture, usually of a solid pigment in a liquid vehicle, used as a decorative or protective coating(油漆是一种用作装饰或保护外层的液体混合物,通常由液态展色剂和固体颜料组成);

涂料和油漆实际上没有什么区别,可以理解为同一种东西的两种称呼。中国消费者习惯把水性涂料叫涂料,油性涂料叫油漆,其实并不准确。油漆是由树脂、溶剂、颜填料、助剂等组成的。其中起最关键作用的是所用的树脂,也是油漆化学分类的根本。树脂的不同,干燥方式也不同,如醇酸漆、酚醛漆是靠空气中的氧来干燥的,树脂中就必然含有大量依靠氧来链接的不饱和双键。氨基烤漆是靠氨基树脂在高温下干燥的,虽然漆里的醇酸树脂含量大大高于氨基树脂,但也只能叫氨基烤漆。

目前,油漆属于涂料行业,涂料行业把产品分为油性漆、酯胶漆、酚醛漆、醇酸漆、硝基漆、氨基漆、丙烯酸漆、乳胶漆、有机硅漆等,最后是辅助材料,包括稀释剂、脱漆剂等。

第二节　玻　璃

玻璃是一种较为透明的固体物质,主要成份是二氧化硅,广泛应用于建筑,是一种隔风却透光的材料,随着玻璃工艺的不断改善和提高,现在也越来越多地被应用到景观设计中,如图 7-1 所示。

图 7-1 玻璃亭

一、玻璃的分类

玻璃的应用是非常广泛的,从外墙窗户到室内屏风、门扇等都会用到,玻璃可简单分为平板玻璃和特种玻璃。平板玻璃主要分为 3 种:即引上法平板玻璃(分有槽/无槽两种)、平拉法平板玻璃和浮法玻璃。由于浮法玻璃厚度均匀、上下表面平整平行,再加上劳动生产率高及利于管理等方面的因素影响,正成为玻璃制造方式的主流。

1. 普通平板玻璃

(1) 3~4 厘玻璃,厘米在日常中也称为厘。我们所说的 3 厘玻璃,就是指厚度 3 mm 的玻璃,这种规格的玻璃主要用于画框表面。

(2) 5~6 厘玻璃,主要用于外墙窗户、门扇等小面积透光造型等。

(3) 7~9 厘玻璃,主要用于室内屏风等较大面积但又有框架保护的造型之中。

(4) 9~10 厘玻璃,可用于室内大面积隔断、栏杆等装修项目。

(5) 11~12 厘玻璃,可用于地弹簧玻璃门和一些活动人流较大的隔断之中。

(6) 15 厘以上玻璃,一般市面上销售较少,往往需要订货,主要用于较大面积的弹簧玻璃门、外墙整块玻璃墙面。

2. 其他玻璃

其他玻璃是相对于平板玻璃而言的,主要有:

(1) 钢化玻璃。它是普通平板玻璃经过再加工处理而成一种预应力玻璃。钢化玻璃不容易破碎,即使破碎也会以无锐角的颗粒形式碎裂,对人体伤害大大降低,所以又称安全玻璃。钢化玻璃其实是一种预应力玻璃,为提高玻璃的强度,通常使用化学或物理的方法,在玻璃表面形成压应力,玻璃承受外力时首先抵消表层应力,从而提高了承载能力,改善了玻璃抗拉强度。钢化玻璃的主要优点有两条,第一是强度较之普通玻璃提高数倍,抗弯强度是普通玻璃的 3～5 倍,抗冲击强度是普通玻璃的 5～10 倍,提高强度的同时也提高了安全性。使用安全是钢化玻璃第二个主要优点,其承载能力增大改善了易碎性质,即使钢化玻璃破坏也呈无锐角的小碎片,对人体的伤害极大地降低了。钢化玻璃的耐急冷急热性质较之普通玻璃有 2～3 倍的提高,一般可承受 150℃ 以上的温差变化,对防止热炸裂有明显的效果。景观设计中常用的就是钢化玻璃。

钢化玻璃按形状分为平面钢化玻璃和曲面钢化玻璃。平面钢化玻璃厚度有 4 mm、5 mm、6 mm、8 mm、10 mm、12 mm、15 mm、19 mm 八种,曲面钢化玻璃厚度有 5 mm、6 mm、8 mm 三种。

(2)磨砂玻璃和喷砂玻璃。它也是在普通平板玻璃上面再磨砂加工而成,一般厚度多在 9 mm 以下,以 5 mm、6 mm 厚度居多。喷砂玻璃性能上基本上与磨砂玻璃相似,不同的是改磨砂为喷砂,两者视觉上类同,需要注意区分。

(3)花玻璃。它是采用压延方法制造的一种平板玻璃。其最大的特点是透光不透明,多使用于洗手间等装修区域。

(4)夹丝玻璃。它是采用压延方法,将金属丝或金属网嵌于玻璃板内制成的一种具有抗冲击的平板玻璃,受撞击时只会形成辐射状裂纹而不至于堕下伤人,所以多采用于高层楼宇和震荡性强的厂房。

(5)中空玻璃。多采用胶接法将两块玻璃保持一定间隔,间隔中间的是干燥的空气,周边再用密封材料密封而成,主要用于有隔音要求的装修工程之中。

(6)夹层玻璃。夹层玻璃一般由两片普通平板玻璃,也可以是钢化玻璃或其他特殊玻璃和玻璃之间的有机胶合层构成。当受到破坏时,碎片仍黏附在胶层上,避免了碎片飞溅对人体的伤害,多用于有安全要求的装修项目。防弹玻璃实际上就是夹层玻璃的一种,只是构成的玻璃多采用强度较高的钢化玻璃,而且夹层的数量也相对较多。

(7)热弯。由平板玻璃加热软化在模具中成型,再经退火制成的曲面玻璃。

(8)玻璃砖。玻璃砖的制作工艺基本和平板玻璃一样,不同的是成型方法,其中间为干燥的空气,多用于装饰性项目或者有保温要求的透光造型之中。

(9)玻璃纸,也称玻璃膜。具有多种颜色和花色。根据纸膜的性能不同,具有不同的性能。绝大部分起隔热、防红外线、防紫外线、防爆等作用。

(10)中空玻璃。中空玻璃是由两片或多片浮法玻璃组合而成。玻璃片之间夹有充添了干燥剂的铝合金框,铝合金框与玻璃之间用丁基胶黏结密封后再用聚硫胶或结构胶密封。空气的热传导率非常低,干燥的空气被密封在两层玻璃之间,合成的中空玻璃能有效地直接阻断热量传导的流失,从而达到节能、防结霜、隔音、防外线等效果。

二、玻璃施工和使用中的注意事项

(1)在运输过程中,一定要注意固定和加软护垫。一般建议采用竖立的方法运输。车辆的行驶也应该注意保持稳定和中慢速。

(2)玻璃安装的另一面是封闭的话,要注意在安装前清洁好表面。最好使用专用的玻璃清洁剂,并且要待其干透后证实没有污痕后方可安装,安装时最好使用干净的建筑手套。

（3）玻璃的安装，要使用硅酮密封胶进行固定，在窗户等安装中，还需要与橡胶密封条等配合使用。

（4）在施工完毕后，要注意加贴防撞警告标志，一般可以用不干贴、彩色电工胶布等予以提示。

三、玻璃在景观中的应用

玻璃广泛应用于建筑，在景观设计中应用也即较多，一些景观小品与构筑物局部会用到玻璃，玻璃与水景、玻璃与钢的结合应用是现代景观设计的一个新特点。在景观中应用较多的玻璃的类型是钢化玻璃、压花玻璃和玻璃砖，如图7-2、图7-3所示。

图 7-2　玻璃指示牌（一）

图 7-3　玻璃指示牌（二）

第三节　景观照明灯具

景观照明设计不仅能改善景观的功能效益和环境质量，提高视觉效果，而且还会营造出一种和谐自然的环境气氛，从潜移默化中影响人们的心境，演绎人们的感受，所以，在景观设计中合理地选择灯具是营造景观氛围的一个关键因素。

一、灯具概述

1.灯具的定义

灯具是能透光、分配和改变光源光分布的器具，包括除光源外，所有用于固定和保护光源所需的全部零部件，以及与电源连接所必需的线路附件。现代灯具包括家居照明、商业照明、工业照明、道路照明、景观照明和特种照明等。

2.灯具的分类

灯具的分类有以下几种方式：

（1）按安装方式一般可分为嵌顶灯、吸顶灯、吊灯、壁灯、活动灯具、建筑照明灯。

（2）按光源可分为白炽灯（紧凑型荧光灯归为这一类）、荧光灯、高压气体放电灯。

（3）按使用场所可分为民用灯、建筑灯、工矿灯、车用灯、船用灯、舞台台灯等。

（4）按配光方式可分为直接照明型、半直接照明型、全漫射式照明型和间接照明型等。

3.灯种的代号及表示方法

（1）民用灯具的灯种代号（见表7-1）。

表 7-1 民用灯具的灯种代号

壁灯	床头灯	吊灯	落地灯	门灯	嵌入式顶灯	台灯	未列入类	吸顶灯
B	C	D	L	M	Q	T	W	X

（2）光源的种类及代号（不注白炽灯），如表 7-2 所示。

表 7-2 光源的种类及代号

汞灯	混光光源	金属卤化物灯	卤钨灯	钠灯	氙灯	荧光灯
G	H	J	L	N	X	Y

4. LED 灯

在景观设计中，LED 灯的应用越来越多，可能成为景观灯具的发展趋势。LED 是英文 Light Emitting Diode（发光二极管）的缩写，发光二极管的核心部分是由 P 型半导体和 N 型半导体组成的晶片，在 P 型半导体和 N 型半导体之间有一个过渡层，称为 P-N 结。在某些半导体材料的 PN 结中，注入的少数载流子与多数载流子复合时会把多余的能量以光的形式释放出来，从而把电能直接转换为光能。PN 结加反向电压，少数载流子难以注入，所以不发光。这种利用注入式电致发光原理制作的二极管叫发光二极管，通称 LED。当它处于正向工作状态时（即两端加上正向电压），电流从 LED 阳极流向阴极时，半导体晶体就发出从紫外到红外不同颜色的光线，光的强弱与电流有关。

LED 光源除了无汞、节能、节材、对环境无电磁干扰、无有害射线五项优点之外，在照明领域中，特别是在景观照明中，还有很多优势：一是色彩丰富，造型精巧，能适应各种几何尺寸和不同空间大小的装饰照明要求，如点、线、面、球、异形式，乃至任意艺术造型的灯光雕塑；二是体积小，大的 LED 灯具可看成由 LED 细胞组成，最小的 LED 仅为平方毫米数量级或更小；三是节约费用，对灯具强度和刚度要求很低。

二、照明系统设计的类别

景观室外照明设计主要是依靠灯光照明塑造出丰富的景观效果，从而对原有的环境进行再创造。人们对城市室外照明的需求分为基本功能、感官信息和精神文化审美需求 3 种层面，与此相对应，城市室外照明分为基本照明、景观照明、节假日照明 3 种类型，其中基本照明属于基本功能照明，而节假日照明和景观照明则兼顾感官信息和精神文化审美需求两种层面，是视觉美的创造并带来精神上的愉悦。

（1）基本照明。这是指保护人们在室外环境中不受意外伤害的照明系统，它使人们可以明确自己所处的位置，了解周围的环境。恰倒好处的基本照明可极大地增加室外空间的活力。基本照明不针对特定的空间和活动，它属于日常和普遍的环境照明，具体包含了车行道、步行街、停车场、桥梁、车站、码头、空港等的照明，以确保城市动脉的安全畅通。要注意道路照明与景观照明的区别，道路照明和景观照明的灯具选择上是完全不一样的，不要以为只是照明就可以了，道路照明不能一味追求美观而忽视安全照度和透雾性，而景观照明灯具和光源的选择就要充分考虑节能和美观了，因为景观照明不需要那么高的照度，只要营造一个照明的特色就可以了。

（2）景观照明。这是室外夜间光环境创造中最重要的照明手段。通常采用多种照明方式相结合来达到理想的设计效果。它主要包括历史文物、新兴建筑、城市标志、商业中心、景观设施的照明,用以彰显城市的文化和风光。景观照明不仅要给人提供良好的视觉感受,抑制眩光的产生,而且要能够体现一定的空间环境风格,增加环境空间的美感,符合人们生理和心理的需要,充分利用照明艺术手法极其光色的协调,创造出和谐的环境空间气氛和意境,使人得到美的享受和心理的愉悦与满足。

(3)节假日照明。这是指满足人们在室外空间从事各种活动所需要的基本照度要求,与其他照明系统分开,只在需要进行某个特定活动时才开启。具体包括集会广场、休闲园地、户外文化体育娱乐设施的照明。它体现了城市的人文关怀,使城市充满活力。

三、照明系统设计的应用

德国 Heinrich Kramer 博士(CIE 照明与技术委员会主席)曾提出:"一个好的照明设计应该给人以方向感,它应能使我们看见并识别我们的环境;它是建筑不可分割的一部分,即在开始时就包含在规划方案里,而不是最后加进去的;支持建筑设计意图,而不是游离其外;在一个场所内营造出一种状态和气氛,满足人们的需要和期望,促进人际交流;它具有意义并传达一种信息。明亮、色彩和运动本身并不象征着一种信息,只有同有见识和经验相关联才有意义;其灯光表现形式应该是独创性的。"

新世纪的城市需要光亮、宜人、典雅、优美、更富个性、创意新颖,既没有光污染,又能节约能源的人居环境。因此,室外照明设计绝不应当局限于满足照度标准这个水平上,而是要在城市总体规划下综合考虑城市的人文环境。它包含了政治、文化、艺术、科学、宗教、美学等个方面的因素。通过布局、线条、颜色、比例、尺度、质感、光线以及节奏、韵律的综合表现,让使用者主动去寻找、挖掘、琢磨、体会其中的品位。良好的室外照明设计在保证人参与和安全的基础上,不仅能改善景观的功能效益和环境质量,提高视觉感受,而且还会营造出一种自然和谐的环境气氛。从潜移默化中影响人们的心境,演绎人们的感受。现代太多城市室外照明作为整体来说总是感觉到有些生硬,其实是因为这些室外照明设计过于强调技术性而忽视了文化状态的缘故。

第四节 塑 胶

一、塑胶

塑胶是由高分子合成树脂(聚合物)为主要成分,渗入各种辅助料或添加剂,在特定温度、压力下具有可塑性和流动性,可被模塑成一定形状,且在一定条件下保持形状不变的材料。塑胶具有良好的绝缘性和耐电弧性,保温、隔声、吸音、吸振、消声性能卓越。大部分塑胶是从一些油类中提炼出来的:PC 料是从石油中提炼出来的,在烧的时候有一股汽油味;ABS 是从煤炭中提炼出来的,在烧完灭掉的时候会呈烟灰状;POM 是从天然气提炼出来的,在烧完的时候会有一股非常臭的瓦斯味。

二、塑胶的特点

(1)塑胶受热膨胀,线胀系数比金属大很多。

(2)一般情况下,塑胶的刚度比金属低。

(3)塑胶的力学性能在长时间受热下会明显下降。

(4)一般情况下,塑胶在常温下和低于其屈服强度的应力下长期受力,会出现永久形变。

（5）塑胶对缺口损坏很敏感。

（6）塑胶的力学性能通常比金属低得多，但有的复合材料的比强度和比模量高于金属，如果制品设计合理，会更能发挥起优越性。

（7）一般情况下，增强塑胶力学性能是各向异性的。

（8）有些塑胶会吸湿，并引起尺寸和性能变化。

（9）有些塑料是可燃的。

（10）塑胶的疲劳数据目前还很少，需根据使用要求加以考虑。

三、塑胶原料分类

按照合成树脂的分子结构，塑胶原料主要有热塑性及热固性塑胶之分。热塑性塑胶指反复加热仍有可塑性的塑胶：主要有 PE/PP/PVC/PS/ABS/PMMA/POM/PC/PA 等常用原料；热固性塑胶主要指加热硬化的合成树脂制得的塑胶，像一些酚醛塑胶及氨基塑胶不常用。

按照应用范围分，塑胶主要有：通用塑胶，如 PE/PP/PVC/PS 等；工程塑胶，如 ABS/POM/PC/PA 等。另外还有一些特殊塑胶，如耐高温高湿及耐腐蚀塑胶，以及其他一些为专门用途而改性制成的塑胶。

四、塑胶在景观中的应用

塑胶在景观中常用在一些体育健身场所，常见的如小区健身活动广场、儿童活动场所、透气型塑胶跑道等（见图 7-4）。塑胶铺地具有弹性佳、冲击吸收性能佳、耐磨性强、耐候性佳、耐压缩性强、抗钉力强、耐冲击性佳、平坦、接触性好、坚固耐用的优点。

图 7-4 塑胶跑道

第五节 张拉膜

膜结构是一种建筑与膜结构完美结合的结构体系，一些景观小品、建筑入口都采用张拉膜。它是用高强度柔性薄膜材料与支撑体系相结合形成具有一定刚度的稳定曲面，能承受一定外荷载的空间结构形式。其造型自由轻巧，具有阻燃、制作简易、安装快捷、易于拆卸、使用安全等优点，因而在世界各地受到广泛应用。这种结构形式特别适用于大型体育场馆、人口廊道、小品、公众休闲娱乐广场、展览会场、购物中心等领域。

　　膜结构建筑形式的分类:从结构上分可分为骨架式膜结构、张拉式膜结构和充气式膜结构 3 种形式:

　　(1) 骨架式膜结构(Frame Supported Structure)。以钢构或是集成材料构成的屋顶骨架,在其上方张拉膜材的构造形式,下部支撑结构安定性高,因屋顶造型比较单纯,开口部不易受限制,且经济效益高等特点,广泛适用于任何大、小规模的空间。

　　(2) 张拉式膜结构(Tension Suspension Structure)。以膜材、钢索及支柱构成,利用钢索与支柱在膜材中导入张力以达到稳定的形式。除了具有创意、创新且美观的造型外,也是最能展现膜结构精神的构造形式。近年来,大型跨距空间也多采用以钢索与压缩材料构成的钢索网来支撑上部膜材的形式。因施工精度要求高,结构性能强,且具丰富的表现力,所以造价略高于骨架式膜结构。

　　(3) 充气式膜结构(Pneumatic Structure)。充气式膜结构是将膜材固定于屋顶结构周边,利用送风系统让室内气压上升到一定压力后,使屋顶内外产生压力差,以抵抗外力,因利用气压来支撑,以及以钢索作为辅助材,无需任何梁、柱支撑,可得更大的空间,施工快捷,经济效益高,但需要维持进行 24 h 送风机运转,在持续运行及机器维护费用的成本上较高。

　　现今,城市中已越来越多地可以见到膜结构的身影。膜结构已经被应用到各类建筑结构中,体育设施包括体育场、体育馆、网球场、游泳馆、训练中心和健身中心等;商业设施包括商场、游乐中心、酒店、餐厅、商业街等;文化设施包括展览中心、剧院、表演中心、水族馆等;交通设施包括飞机场、火车站、码头、停车场、天桥、加油站和收费站等;景观设施包括标志性小品、广场标识、小区景观、步行街等;工业设施包括工厂、仓库、污水处理中心、物流中心和温室等。在景观应用中,由于造价、后期维护等多方面原因,应慎重选用。

学习小结

　　本章主要学习了主要材料以外的其他材料,主要了解涂料、玻璃、景观照明灯具、塑胶和张拉膜的特性及应用。

思考题

　　(1) 涂料可分为哪几类? 在景观中常用的有哪些?

　　(2) 玻璃有什么特性,在景观中应如何应用?

　　(3) 请说明 LED 灯的特点及应用。

　　(4) 塑胶一般常用在景观中的什么地方?

第八章 材料的综合应用

本章概述:本章主要通过一个具体的案例从方案设计、施工图设计到施工完成整个过程来介绍材料的综合应用,不同的材料因其自身的特性,都具有一定的优势和缺点,在材料的综合应用中必须整体考虑,既需要考虑景观设计的总体品质,也需要考虑景观局部设计的创意与创新。

景观材料除了需要了解不同景观材料的特性与应用外,更重要的是综合应用。这里以一个实际工程案例来详细介绍景观材料的综合应用。选取的实际案例为上海市苏州河面粉厂绿地景观设计,项目位于上海市普陀区,地块成半岛状,东北向为苏州河,南临莫干山路,西临昌化路,原为上海面粉厂和上海春明粗纺厂,景观设计面积为 27 500 m²。项目方案和扩初设计由泛亚景观设计(上海)有限公司完成,施工图由上海园林工程有限公司完成,已经完全施工建成投入使用。由于项目紧邻苏州河,景观环境的设计与施工以前,由上海市水利工程设计研究所完成苏州河水利工程部分的设计。

项目在方案设计中的设计构思与理念,很好地体现了基地的现状与人文景观特征,并产生了许多小创意,例如一组群雕表现麦芽生长、发展的过程,而后期采用钢材来实现这个构思,充分发挥了材料的特征。

第一节 材料在方案设计中的综合应用

一、方案阶段总平面设计

在方案和扩初设计阶段,完成了方案设计的总平面图(见图 8-1)。

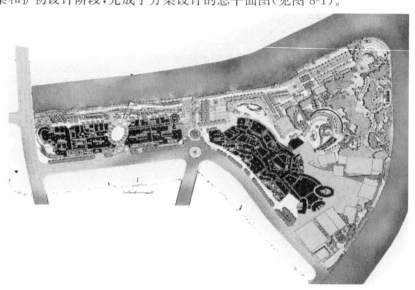

图 8-1 设计总平面

二、方案阶段国际商业街设计

国际商业街平面图(见图 8-2),完成一些重要节点的详图(见图 8-3),为了使甲方更好地了解设计内容,还提供了一些景观意向图,如图 8-4、图 8-5 所示。

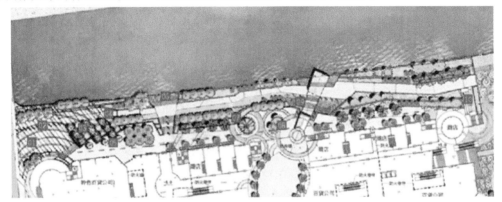

图 8-2　国际商业街平面图

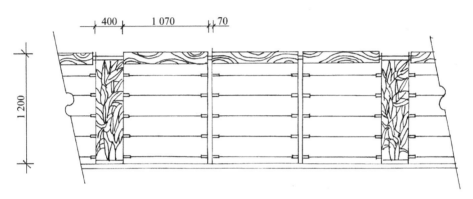

图 8-3　栏杆节点详图

图 8-4　景观意向图(一)

图 8-5　景观意向图(二)

三、方案阶段入口广场设计

在项目中,对于重点设计区域(见图 8-6),入口广场进行重点分析,也包括重要节点的草图,如图 8-7 所示。图 8-8～图 8-10 为景观意向图。

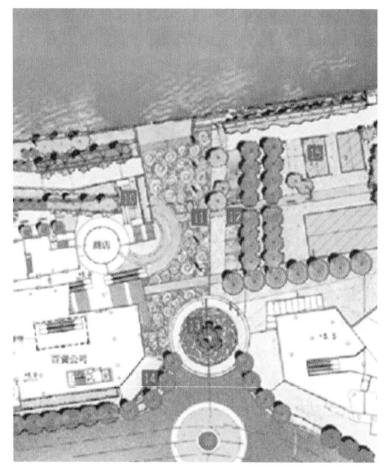

图 8-6 入口广场平面图

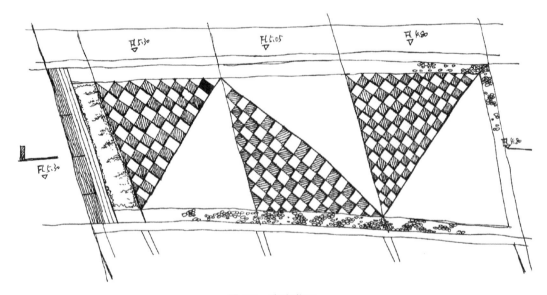

图 8-7 方案草图

图 8-8 景观意向图(一)

图 8-9 景观意向图(二)

图 8-10 景观意向图(三)

四、方案阶段生态休闲街和城市绿岛设计

图 8-11 为生态休闲街和城市绿岛的平面图,图 8-12～图 8-15 为方案草图,图 8-16～图 8-19 为生态休闲街和城市绿岛的景观意向图。

图 8-11 生态休闲街和城市绿岛平面图

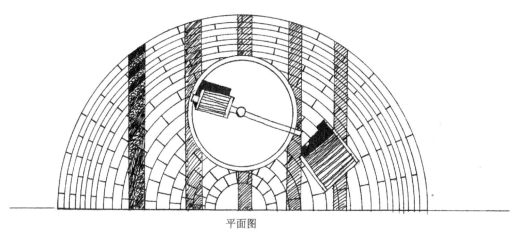

平面图

平面图

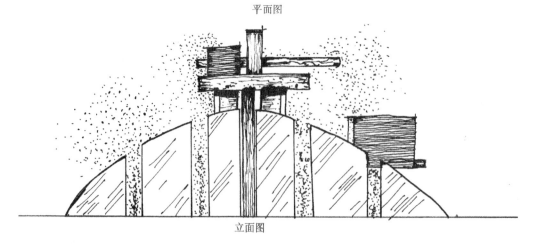

立面图

立面图

图 8-12 方案草图(一)

图 8-13　方案草图(二)

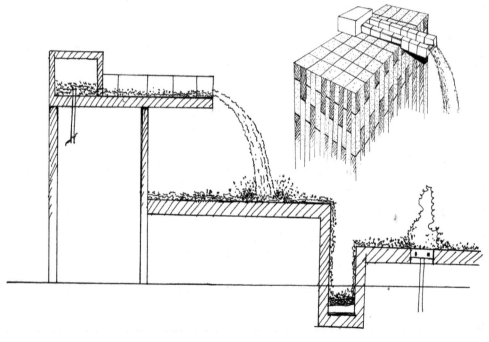

图 8-14　方案草图(三)

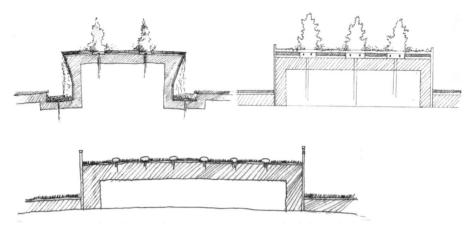

图 8-15 方案草图(四)

图 8-16 景观意向图(一)

图 8-17 景观意向图(二)

图 8-18 景观意向图(三)

图 8-19 景观意向图(四)

五、方案阶段生态休闲街和城市绿岛设计

图 8-20 为灯光设计平面图,图 8-21、图 8-22 为节点方案草图,图 8-23～图 8-26 为景观意向图。在方案设计和扩初设计阶段主要通过设计草图和景观意向图表达设计意图。

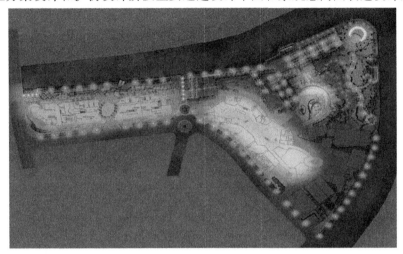

图 8-20　灯光设计平面图

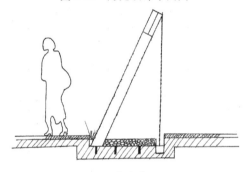

图 8-21　方案草图(一)

图 8-22　方案草图(二)

图 8-23　景观意向图(一)

图 8-24　景观意向图(二)

图 8-25　景观意向图(三)

图 8-26　景观意向图(四)

第二节　材料在施工设计上的综合应用

　　图 8-27～图 8-29 是材料应用在施工图上的表达局部平面图,石材需要标明尺寸、面层做法和颜色或者是石材编号,砖材需要标明尺寸及色彩搭配方案,木材需要标明尺寸和木材名称,钢材小品或构建大多由工厂提供,然后现场安装。

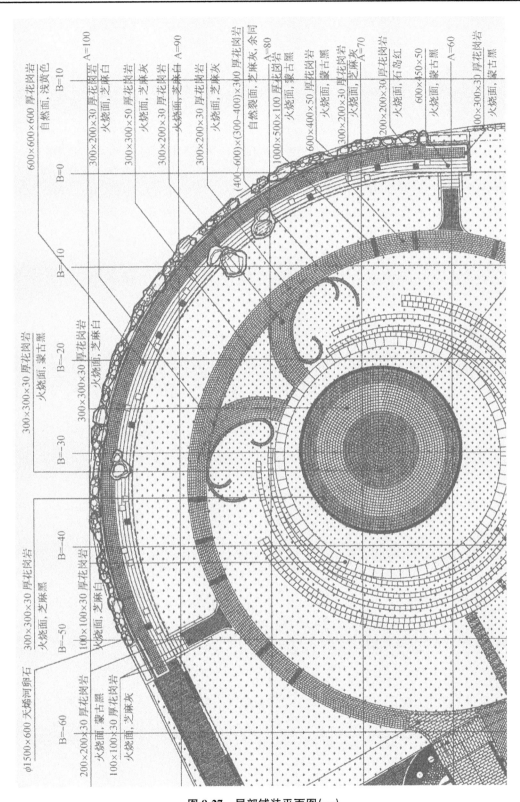

600×600×600 厚花岗岩
自然面，浅黄色
B=10

300×200×30 厚花岗岩　A=100
火烧面，芝麻白
B=0

300×300×50 厚花岗岩
火烧面，芝麻灰

300×200×30 厚花岗岩
火烧面，芝麻白　A=90

300×200×30 厚花岗岩
火烧面，芝麻灰

自然裂面，芝麻灰，余同　A=80
1000×500×100 厚花岗岩
火烧面，蒙古黑

(400~600)×(300~400)×300 厚花岗岩
火烧面，芝麻灰　A=70

600×400×50 厚花岗岩
火烧面，蒙古黑

300×200×30 厚花岗岩
火烧面，芝麻灰

200×200×30 厚花岗岩
火烧面，石岛红

600×450×50
火烧面，蒙古黑　A=60

300×300×30 厚花岗岩
火烧面，蒙古黑

600×600×600 厚花岗岩
B=0

B=10

300×300×30 厚花岗岩
火烧面，蒙古黑
B=20

300×300×30 厚花岗岩
火烧面，芝麻白
B=30

300×300×30 厚花岗岩
火烧面，芝麻白
B=40

100×100×30 厚花岗岩
火烧面，芝麻白
B=50

φ1500×600 天然河卵石
B=60

200×200×30 厚花岗岩
火烧面，蒙古黑
100×100×30 厚花岗岩
火烧面，芝麻灰

图 8-27　局部铺装平面图(一)

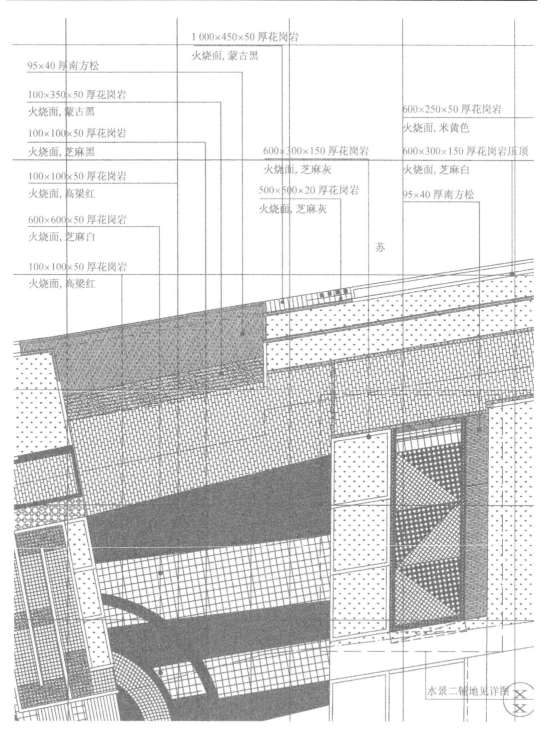

1 000×450×50 厚花岗岩
火烧面,蒙古黑

95×40 厚南方松

100×350×50 厚花岗岩
火烧面,蒙古黑

100×100×50 厚花岗岩
火烧面,芝麻黑

100×100×50 厚花岗岩
火烧面,高粱红

600×600×50 厚花岗岩
火烧面,芝麻白

100×100×50 厚花岗岩
火烧面,高粱红

600×250×50 厚花岗岩
火烧面,米黄色

600×300×150 厚花岗岩
火烧面,芝麻灰

500×500×20 厚花岗岩
火烧面,芝麻灰

600×300×150 厚花岗岩压顶
火烧面,芝麻白

95×40 厚南方松

苏

水景二铺地见详图

图 8-28   局部铺装平面图(二)

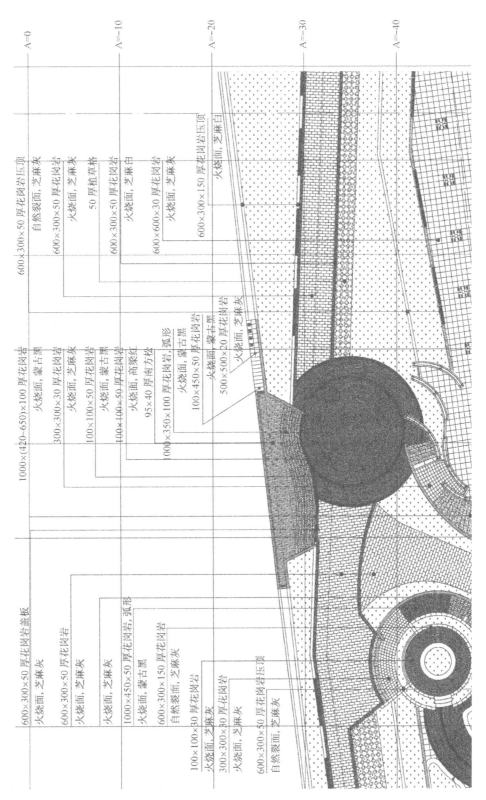

图 8-29　局部铺装平面图(三)

第三节　材料的施工做法与材料表

图 8-30～图 8-33 为重要节点的详图,在图中标明具体材质和尺寸,直接用于指导后期施工。施工图完成以后,需要整理出整个项目的材料表(见表 8-1),还需要整理出上木植物表、花境植物表(见表 8-2),下木植物表(见表 8-3)以及灯具材料表(见表 8-4)。

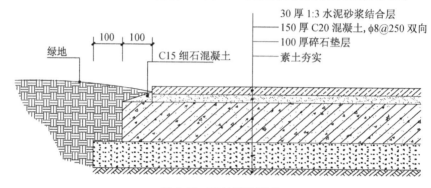

图 8-30　石材铺地详图

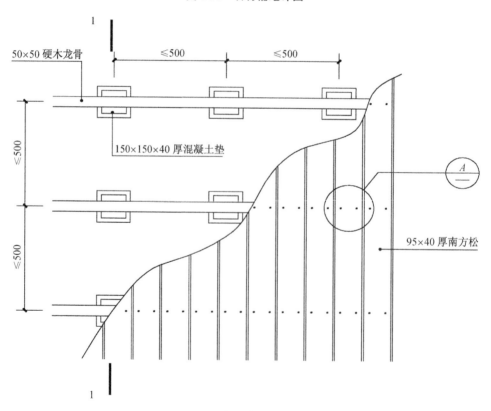

图 8-31　木材铺地详图平面

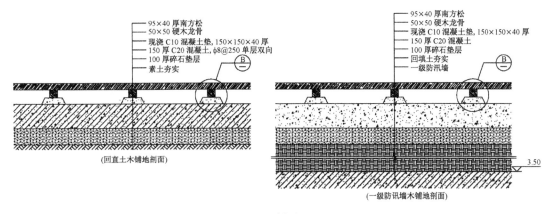

1-1 剖面

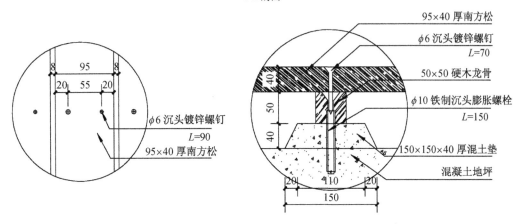

图 8-32　木材铺地详图剖面

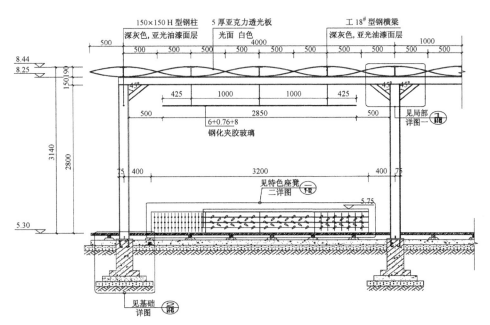

图 8-33　廊架详图剖面

表 8-1　材料表

名称	颜色	饰面	厚度	规格	应用部位	参考图号	参考用料
花岗岩	芝麻白	火烧面	20	600×300	景墙贴面	LA-2-08,LA-1-15	
			30	100×100,300×200,300×300,600×300,1 000×1 000	铺地	LP-11,LP-13	
			50	600×300,100×100,600×600,400×300,200×200,300×300,600×500,600×600	铺地压边,铺地	LP-11,LP-12,LP-13	
			150	600×300	景墙压顶	LP-11,LP-12,LP-13	
	芝麻灰	火烧面	20	900×920,415×900	水景坐凳贴面	LA-2-06	
			30	300×300,600×600,100×100,300×200	铺地	LP-11,LP-12,LP-13	
			50	600×300,300×300,100×100,200×200,600×400	铺地,压顶,排水沟盖板	LP-11,LP-12,LP-13,LA-1-06	
			100	600×500,600×600,1 200×600,1 000×(600,400,300,200,150)	铺地压边,景墙压顶,条石汀步	LA-1-02,LA-1-11	
			150	600×300	压顶	LP-11,LA-2-07	
		自然裂面	30	600×300,600×200,300×300,300×200	异型花岗岩贴面	LT-01	
			50	600×300,500×600	压顶,有弧形切割	LP-12,LA-3-03	
			100	1 200×500,600×400	汀步,压顶	LP-11	
			150	600×300	压顶,局部有弧形切割	LA-3-03	
			300	(400-600)×(300-400)	特色景墙	LA-1-06	块石
	芝麻黑	火烧面	30	300×300	铺地	LP-11	
			50	300×300,100×100	铺地	LP-11,LP-12	
	高粱红	火烧面	30	100×100,600×300	铺地	LP-11,LP-12	
			50	100×100,600×300	铺地,铺地压边	LP-11,LA-1-11	
	米黄色	火烧面	50	600×250,600×300	景墙贴面	LA-2-10,LA-3-08	
		自然裂面	30	长宽约100-400	景墙贴面	LA-3-08,LA-2-10	
			100	600×500	压顶	LA-1-09	
	石岛红	火烧面	30	200×200	铺地	LP-11	
	蒙古黑		20	400×200	台阶侧面贴面	LA-3-16.2	
			30	300×300,200×200,600×300	坡道铺地	LP-11,LP-12	
		火烧面	50	500×500,100×100,300×300,600×450,1 000×450,1 200×420,1 200×450,1 000×350,1 000×300	台阶,铺地压边,铺地	LP-11,LP-12,LP-13,LA-2-04,LA-2-10	局部有弧行切割
			100	1 000×(420−650),1 000×450,1 000×400,1 000×350,600×300,600×180,200×200,1 000×500,1 000×350	台阶,压顶	LA-3-8,LA-2-6	局部有弧行切割
		自然裂面	20	600×30,600×70	贴面,台阶踢面	LA-1-07,LA-1-08	
	天钻麻	光面	20	300×300	水景贴面	LA-3-10	
			100	600×150	压顶	LA-3-11	
			140	600×150	压顶	LA-3-11	
			150	600×275	异形压顶	LA-3-11	
花岗岩	黄金麻	荔枝面	50	2 100×300	座凳	LA-1-03	
			300	R=200	圆柱形石墩	LA-1-03	
	黑金砂	光面	20	600×600,600×250,900×580,700×600,750×600	贴面	LA-1-18	
			50	800×600,600×150,600×100	水景台阶	LA-1-18	
			宽300	450×(60~80)	水景压顶	LA-1-18	
砂岩			50	200×120	铺装	LA-1-18	
板岩	米黄色	自然裂面	25	400~600	水景铺装	LA-1-18	
			20	300×300	水景贴面	LA-3-11	
玻璃马赛克砖	浅咖啡		10	25×25	树池贴面	LA-3-6	
卵石	黑色			粒径30	铺地	LA-1-18	
砂砾石	白色			粒径10-30	铺地	LP-11	
植草格			50		植草格	LP-11,LP-12,LP-13	

（续表）

南方松	原色	防腐处理	45	宽95		铺地	LP-12	
			60	宽200		木平台挡板	LA-2-10	
菠萝格		防腐处理	40	95×40		座凳面板	LA-2-04	
锈钢板			8.5			铺地,树池,logo	LP-11,LP-13,LA-1-09	
天然景石	米黄色			粒径300-400		景观驳岸	LP-1-09	
自然溪坑石				粒径300-1 500,1 500-3 000		景观驳岸	LA-1-9	同详图"天然河卵石"

表 8-2 上木植物表和花境植物表

序号	名称	学名	规格 单位:cm				数量		备注
			胸径(φ)	地径(D)	蓬径(P)	高度(H)	株	平方米	
1	香樟	Cinnamomum camphora	16-18		501-600	351-400	131		树冠优美
2	香樟A	Cinnamomum camphora	24-26		401-500	601-700	11		姿态优美,造景树
3	垂柳	Salix babylonica L.	12-14		501-600	351-450	66		树冠优美
4	无患子A	Sapindus mukorossi	20-22		451-500	601-700	7		姿态优美,造景树
5	无患子	Sapindus mukorossi	16-18		501-600	351-400	6		树冠优美
6	乌桕	Sampium sebiferum (Linn.) Roxb	16-18		401-450	501-600	14		树冠优美
7	大桂花	Osmanthus fragrans (Thunb.) Lour			251-280	251-300	54		树冠优美
8	栾树	Koelreuteria paniculata	16-18		351-450	501-600	56		树冠优美
9	红叶李	Prunus cerasifera Ehrh.		6-8	221-250	251-300	82		树冠优美
10	枫杨	Pterocarya stenoptera C. DC.	14-16		351-400	501-600	21		树冠优美
11	苦楝	Melia azedarach L.	16-18		401-500	601-700	3		姿态优美,造景树
12	女贞	Ligustrum lucidum Ait	14-16		351-400	501-600	64		树冠优美
13	银杏	Ginkgo biloba	14-16		201-250	651-750	18		实生苗,树冠优美
14	广玉兰	Magnolia grandiflora	16-18		351-400	601-700	15		树冠优美
15	榉树	Zelkova schneideriana	26-28		351-400	700-800	45		姿态优美,造景树
16	臭椿	Ailanthus altissima	16-18		401-500	601-700	12		姿态优美,造景树
17	水杉	Metasequoia glyptostoboides	8-10		181-200	601-700	61		树冠优美
18	池杉	Taxodium ascendens Brongn.	8-10		181-200	601-700	25		树冠优美
19	落羽杉	Taxodium distichum (L.) Rich	8-10		201-250	501-600	42		树冠优美
20	白玉兰	Magnolia denudata Desr.	14-16		251-300	401-500	10		树冠优美
21	花石榴	Punica granatum var. pleniflora Hayne			181-200	181-220	15		树冠优美
22	红枫	Acer palmatum cv. Atropurpureum		6-8	201-220	251-300	23		姿态优美,造景树
23	花桃	Prunus davidiana		6-8	201-220	251-300	49		树冠优美
24	红花继木球	Redrlowered Loropetalum			131-150	131-150	8		蓬形饱满
25	瓜子黄杨球	Buxus sinica			121-150	121-150	18		蓬形饱满
26	胡颓子球	Elaeagnus pungens			121-150	121-150	13		蓬形饱满
27	石楠球	Photinia serrulata			151-180	151-180	9		蓬形饱满
28	枸骨球	Ilex cornuta Lindl. et Paxt.			131-150	121-150	1		蓬形饱满
29	海桐球	Pittosporum tobira			121-150	121-150	4		蓬形饱满
30	慈孝竹	Bambusa multiplex (Lour.) Raeusch	1-2			301-401		86	10枝/丛
31	小刚竹	Phyllostachys viridis (Young) Mc Clure.	2-3			401-451		187.3	全梢

上木植物表

序号	名称	数量(平米)	序号	名称	数量(平米)
1	蓝冰柏	2.7	9	紫红钓钟柳	2.5
2	紫叶酢浆草	5.8	10	薰衣草	2.4
3	美女樱	3.7	11	黑心菊	2
4	穗花婆婆纳	2.8	12	阔叶狼尾草	1.1
5	扶芳藤	4.1	13	四季秋海棠	1.5
6	黄草蒲	2.5	14	白花随意草	3.8
7	矮牵牛	2.2	15	斑叶芒	4.4
8	金盏菊	3.6	16	南天竹	2.8

花境专用植物

表 8-3　下木植物表

序号	名称	学名	规格　单位：cm				数量		备注
			胸径(φ)	地径(D)	蓬径(P)	高度(H)	株	平方米	
1	瓜子黄杨	Buxus sempervirens L.			25-30	31-40	6 563	182.3	36 株/m²
2	花叶蔓长春	Vinca major cv. Variegata			L>0.8M		2 114	58.7	36 株/m²
3	夏鹃	Rhododendron simsii Planch			21-25	25-30	3 528	98	36 株/m²
4	美人蕉	Canna generalis			51-60	61-80	479	53.2	9 株/m²
5	迎春	Jasiminum nudiflorum			>45	51-60	3 312	207	16 株/m²
6	红叶石楠	Photinia serrulata			41-45	61-70	5 599	349.9	16 株/m²
7	龟甲冬青	Ilex crenata Thunb. var. convexa Makino			21-25	25-30	7 517	208.8	36 株/m²
8	金丝桃	Hypericum monogynum L. -H. chinense L.			>30	51-60	2 394	119.7	20 株/m²
9	花叶芦竹	Arundo donax var versicolor			35-40	51-50	1 284	80.2	16 株/m²
10	细叶芒	miscanthus sinensis				81-100	704	117.2	6 株/m²
11	云南黄馨	Jasminum mesnyi			51-60	61-70	2 775	231.2	12 株/m²
12	洒金珊瑚	Aucuba japonica cv. variegata			51-60	71-80	882	98	9 株/m²
13	木芙蓉	Hibiscus mutabilis			分支>5 支	181-200	155	155	1 株/m²
14	八角金盘	Fatsia japonica			61-70	81-100	6 605	1 100.8	6 株/m²
15	棣棠	Kerria japonica			41-50	51-60	3 792	316	12 株/m²
16	杜鹃	Rhododendron simsii			35-40	41-50	7 720	482.5	16 株/m²
17	大花萱草	Hemerocallis fulva			35-45	41-50	7 588	474.2	16 株/m²
18	大花栀子	Gardenia lasminoides			41-50	61-80	5 500	343.7	16 株/m²
19	山茶	Camellia japonica			41-50	81-100	842	70.1	12 株/m²
20	榆叶梅	Prunus triloba			41-50	81-100	826	68.8	12 株/m²
21	锦带	Weigela florida cv.			35-40	51-60	1 560	62.4	25 株/m²
22	玉簪	Hosta 'Great Expectations'			25-30	31-40	648	25.9	25 株/m²
23	阔叶十大功劳	Folium Mahoniae Bealei			51-60	81-90	1 505	167.2	9 株/m²
24	水槿	Hibiscus syriacus			61-70	121-150	187	31.1	6 株/m² 分支>5
25	蒲苇	Cortaderia selloana			45-50	61-70	196	16.3	12 株/m²
26	常春藤	Hedera nepalensis var. sinensis			L>0.8M		2 366	65.7	36 株/m²
27	紫花溲疏	Deutzia purpurascens (Franch. ex L. Henry) Rehd.				51-60	376	23.5	16 株/m²
28	大吴风草	Farfugium japonicum (Linn. f.) Kitam.			25-30	31-40	355	14.2	25 株/m²
29	鸢尾	Iris tectorum				31-40	5 177	143.8	36 株/m²
30	石蒜	Lycoris radiata					699	19.4	36 株/m²
31	丰花月季	Rosa hybridaFloribunda Roses					530	21.2	25 株/m²
32	麦冬	Ophiopogon japonicus					34 910	969.7	36 株/m²
33	金边麦冬							5.8	
34	金边阔叶麦冬	Liriope palatyphylla. var					7 647	212.4	36 株/m²
35	二月兰	Orychophragmus violace						120.8	籽播
36	凌霄	Campsis grandiflora (Thb.) Losel			L>1M		8		
37	白花三叶草	Trifolium repens						86.4	籽播
38	红花酢浆草	Oxalis rubra St. -Hil.						24	
39	络石							25	
40	百慕大	Cynodon dactylon						7 717.2	草皮为两者混播
	黑麦草	Lolium perenne							

下木植物表

表 8-4　灯具材料表

序号	符号	名　称	型号	单位	数量	备　注	序号	符号	名　称	型号	单位	数量	备　注
1	○–●	高杆灯	金卤灯 125W	盏	52	定制 见 LA-T-09	12	◎	LED 特色灯-1	太阳能灯	组	27	定制 见 LA-T-09
2	⊠–┤	庭院灯	金卤灯 80W	盏	9	定制 见 LA-T-09	13	◎	LED 特色灯-2	暂定 200W	组	6	树池装饰,见 C-05
3	◉	草坪灯	节能灯 25W	盏	76	定制 见 LA-T-09	14	■	LED 特色灯-3	暂定 100W	组	20	与座凳二结合
4	✦	藏地灯	金卤灯 50W	盏	80	木铺地照明	15	⊠	LED 特色灯-4	暂定 100W	组	13	与座凳一结合
5	▬	墙灯具(嵌藏)	金卤灯 36W	盏	78	应用于坡道及台阶挡墙	16	▣	LED 特色灯-5	暂定 100W	组	8	一区沿河台阶
6	◖	挂墙/柱式灯具	金卤灯 35W	盏	16	应用于二区廊架	17	✕✕✕	LED 软管灯	15 个字母 1 个字母评价 10 米,每 米 4W 计算			三区标牌
7	◑	射树灯	金卤灯 120W	盏	65		8	✕✕✕	LED 软管灯	15 个字母 1 个字母评价 4 米,每米 4W 计算			一区标牌
8	▽	水底射灯	金卤灯 50W	盏	136	水景照明	19	◁	水底投射灯	50W	盏	10	一区组合景墙
9	◎	LED 地埋灯-1	LED灯 5W	盏	88		20						
10	▬	LED 地埋灯-2	LED灯 21W	盏	16		21						
11	▬	光纤灯	光纤			三区台阶及特色座凳 见 C-05	22						

灯具物料表

第四节　材料应用实例图片

　　根据施工建设完成的项目体现了设计师的设计理念,通过现场图片能够看到建成后的景观效果。图 8-34、图 8-35、图 8-36 为钢与木材结合应用的实例,图 8-37、图 8-38 为钢与石材结合实例,图 8-39、图 8-40 为钢与玻璃结合实例,图 8-41 为钢与马赛克的结合应用,图 8-42为石材应用,图 8-43 为木材、钢与玻璃的综合应用,图 8-44 为钢与木材的应用。

图 8-34　钢、木应用(一)

图 8-35　钢、木应用(二)

图 8-36　钢、木应用(三)

图 8-37　钢、石应用(一)

图 8-38 钢、石应用(二)

图 8-39 钢、玻璃应用(一)

图 8-40 钢、玻璃应用(二)

图 8-41   钢、马赛克应用

图 8-42   石材应用

图 8-43 木、钢和玻璃应用

图 8-44 钢、木应用(四)

第五节 材料综合应用总结

材料的综合应用应该注意,根据设计师的设计理念和创意合理地选择景观材料,每一种材料在实际应用中都存在着优势和劣势,在不同的应用环境,需要扬长避短。无论是铺地应用还是景观设施材料选择,既要考虑图案形式,也要考虑色彩搭配,同时还要兼顾不同材料的物理属性。在合适的场景中选择合适的材料,才能充分发挥材料的特点,体现景观特色。

材料的选择与综合应用,一般从方案设计阶段一直贯穿到整个项目结束,在不同的设计阶段,设计师面对和需要解决的问题都不同,从方案构思开始,就已经开始考虑如何选择和应用材料来体现设计构思与创意,伴随着项目的不断深化和调整,整个项目的创意效果与主题特征也通过材料的特性传达和体现出来。

石材种类丰富,类型多样,既可以铺装设计成大气、典雅的图案,也可以碎拼而营造自由、活泼的气氛,石材天然具有的花纹和色泽,使石材成为许多设计师选择材料时的首选,不同的石材在应用中还可以采用不同的面层处理手法,但天然石材造价高,运输也由于地理位置的原因受到一些限制。砖材在景观设计中应用得很多,随着工艺的不断发展,景观砖的强度、造型和色彩各方面性能都得到了极大的提高,价格实惠,图案、色彩也极其丰富。木材在亲水平台和景观小品中的推广应用,也与木材的防腐和碳化处理工艺的发展有关。

景观材料是紧密联系设计与施工、工艺与创新的载体,除了传统材料的一般应用以外,景观新材料的应用正是体现设计时代性与创新性的手段。景观新材料的应用既包括新材料的创新与应用,还包括传统材料的新应用,例如玻璃工艺的不断提高,在景观中与钢材、木材的结合应用也越来越多。同时,设计手法的一些创新,也给材料创新应用提供了广阔的空间。

学习小结

本章主要学习了材料在具体项目中的综合应用。材料的综合应用是在熟悉、了解不同材料的特性以后做出的选择,需要综合考虑材料应用的环境、造价等因素。

思考题

为某一项目进行综合材料应用设计,要求表达出设计平面图、局部详细设计图、施工详图、材料表及植物、灯具配置表。

参 考 文 献

［1］ 福建溪石股份有限公司,世联石材数据技术有限公司.世界石材标准图谱[M].北京:中国建筑工业
出版社,2009.

［2］ 俞孔坚.景观文化生态与感知[M].北京:科学出版社,1998.

［3］ 杨锡荣.现代景观设计的方法论初探[D].南宁:广西大学.2004.

［4］ M.盖奇(Michael Gage),M.凡登堡(Maritz Vandenberg)城市硬质景观设计[M].张仲一,译.北京:
中国建筑工业出版社,1985.

［5］ 朱明,胡希军,熊辉.浅析城市硬质景观设计与发展[J].山西建筑,2007(6).

［6］ 谢小红.论现代软质景观设计[J].企业导报上半月,2009(1).

［7］ 吕慧,段渊古.竹石配置在园林景观设计中的应用研究[J].安徽农业科学,2006,34(18).

［8］ 许乙弘,徐静.浅谈园林工程中的新型人造石[J].广东园林,2006(10).

［9］ 刘建秀.草坪、地被植物、观赏草[M].南京:东南大学出版社,2001.

［10］ 车代弟.园林花卉学[M].北京:中国建筑工业出版社,2009.

［11］ 苏雪痕.植物造景[M].北京:中国林业出版社,1994.

［12］ 张振.传统园林与现代景观设计[J].《中国园林》,2003(8):45 52.

后　记

本书在编写过程中得到了上海济光职业技术学院、泛亚景观设计(上海)有限公司和上海园林工程有限公司各级领导的大力支持和帮助,园林工程技术专业作为上海济光职业技术学院的"建设与改革试点专业"和上海市特色高职重点建设专业,通过引入泛亚景观设计(上海)有限公司和上海园林工程有限公司的校企合作,为校企联合合作编写系列教材创造了良好的条件。校企合作给专业建设带来了生机与活力,对学生而言,校企合作能带来以往课堂所无法接触到的新鲜而实用的知识,提高专业能力和素养,更容易在毕业后与实际接轨;对于教师而言,校企合作中与企业的合作与交流,更有利于教师理论与实践结合,向技能化、双师型转变。

园林工程技术专业作为"2+1"办学模式和桥梁型校企合作模式的探索,通过近年来的摸索与研究,逐渐明确了园林工程技术专业的培养目标:培养具备景观设计师、城市规划师所需的基础理论知识和专业知识,受到良好专业技术综合训练,具有一定创造精神和实际动手能力的,能从事城市、绿地、园林等景观工程项目设计和施工图设计及园林工程施工的高级工程技术专门人才。该培养目标也是本教材编写的出发点和立足点,明确在景观材料及应用的学习中,应更加突出学生的认知、动手和应用能力的培养。

《景观材料及应用》是园林工程技术专业的核心课程,为了培养技能化的专业人才,要求学生了解园林景观设计项目背景,掌握从接受项目任务书到绘制施工完成的全过程必备的技能,具有景观设计、施工设计和施工管理的实际操作能力,具有从事景观招投标、景观概预算和辅助设计施工的综合能力和协调能力。从设计到施工管理再到概预算,景观材料及应用都起着贯穿作用,是学生的一项基本技能。本教材的编写希望能够为园林工程技术专业人才培养奠定基础,更好地促进高职园林工程技术专业的发展。

本书是校企合作的成果。本书在编写过程中,得到了泛亚景观设计(上海)有限公司和上海园林工程有限公司的无私支持,书中许多资料都是项目成果,在此表示由衷的感谢。

在本书的编写过程中,参考了许多公司产品的有关资料和一些著作,在此谨向有关单位和作者表示衷心的感谢!

杨　丽　乔国栋　王云才

2013 年 11 月

(完)